从新农村到美丽乡村
——传统村落建设规划设计研究

卢世主 黄 薇 刘天成 著

科 学 出 版 社
北 京

内 容 简 介

本书对我国传统村落在"新农村"和"美丽乡村"两个时期的村庄建设进行了调查研究，分析了传统村落人居环境的发展现状及发展历程，总结了传统村落在"新农村"建设时期产生的问题，分析了传统村落由"新农村"向"美丽乡村"转型的动因，剖析了村落空间、建筑、景观环境的转变要素。同时，立足于观念、技术的角度，考虑村落建设政策与乡村经济变化对村落设计转型的影响。

本书适合设计学、乡村规划、乡村治理等相关领域的研究者、政策制定者和设计师参阅。

图书在版编目(CIP)数据

从新农村到美丽乡村：传统村落建设规划设计研究 /卢世主，黄薇，刘天成著. —北京：科学出版社，2023.3
ISBN 978-7-03-074997-0

Ⅰ.①从… Ⅱ.①卢… ②黄… ③刘… Ⅲ.①乡村规划-研究-中国 Ⅳ.①TU982.29

中国国家版本馆 CIP 数据核字(2023)第 037038 号

责任编辑：杜长清 / 责任校对：杨 然
责任印制：李 彤 / 封面设计：润一文化

科学出版社 出版
北京东黄城根北街 16 号
邮政编码：100717
http://www.sciencep.com
北京建宏印刷有限公司 印刷
科学出版社发行 各地新华书店经销
*
2023 年 3 月第 一 版 开本：720×1000 1/16
2023 年 3 月第一次印刷 印张：14 1/4
字数：260 000
定价：99.00 元
(如有印装质量问题，我社负责调换)

目　录

绪　　论

一、研究背景与意义

（一）研究背景

十六届五中全会提出推进社会主义新农村建设的伟大任务以来，"生产发展、生活宽裕、乡风文明、村容整洁、管理民主"[①]成为建设社会主义新农村的总体要求。随后，十七届三中全会对农业、农村、农民问题做了更广泛、更深入的研究，提出走中国特色农业现代化道路。十八大报告首次论述生态文明，提出"推进绿色发展、循环发展、低碳发展"和"建设美丽中国"，强调将生态文明建设放在突出地位，融入经济建设、政治建设、文化建设、社会建设各方面和全过程，形成"五位一体"的中国特色社会主义事业总体布局。习近平同志在中国共产党第十九次全国代表大会上提出实施乡村振兴战略，要坚持农业农村优先发展，巩固和完善农村基本经营制度，健全农业社会化服务体系，健全自治、法治、德治相结合的乡村治理体系。[②]乡村振兴战略为从根本上解决"三农"问题提供了行动纲领。中央政府频频出台有关农村建设的发展方针和政策，说明"三农"问题是关系国计民生的根本性问题。

2005 年，十六届五中全会指出："促进城乡区域协调发展，实行工业反哺农业、城市支持农村，推进社会主义新农村建设，促进城镇化健康发展。"[③]同年12 月，温家宝同志在中央农村工作会议上提出："我国在总体上已经进入以工促农、以城带乡的发展阶段，我们必须适应经济社会发展新阶段的要求，实行工业反哺农业、城市支持农村的方针……把建设社会主义新农村作为我们在现代化进

[①] 社会主义新农村建设[EB/OL]. （2005-12-31）http://dangshi.people.com.cn/GB/165617/166499/9981395.html.

[②] 习近平在中国共产党第十九次全国代表大会上的报告[EB/OL]. （2017-10-28）http://cpc.people.com.cn/n1/2017/1028/c64094- 29613660-7.html.

[③] 中共十六届五中全会 10 月 8 日至 11 日在北京召开[EB/OL]. （2005-09-29）http://www.gov.cn/ldhd/2005-09/29/content_ 73260.htm.

程中的一项重要历史使命。"[①]2006 年底，中共中央召开农村工作会议，主要研究如何扎实推进社会主义新农村建设的重要措施，并指出我国农村现阶段发生的重大变化，乡村建设的发展是促进农村和谐的关键。[②]会议精神表明了建设社会主义新农村的目的、方向和措施，特别指出要积极推进社会主义新农村建设。自中央政府提出全面建设社会主义新农村以来，各地积极对新农村建设实行全面规划，国内的专家学者也就新农村建设与发展做了大量的学术研究。2008 年，浙江省湖州市安吉县首次提出建设"中国美丽乡村"计划，并出台《建设"中国美丽乡村"行动纲要》，随后浙江、安徽、福建等省也提出推进"美丽乡村"工程。2015 年，《美丽乡村建设指南》国家标准强调以规划布局科学、村容整洁、生产发展、乡风文明、管理民主，且宜居、宜业，可持续发展为美丽乡村的主要创建目标。美丽乡村建设紧密贴合十八大、中央农村经济工作会议、农村人居环境改善、2013 年中央一号文件、城乡基本公共服务均等化等重要会议和文件的精神。

2017 年 10 月，习近平同志在十九大报告中提出按照产业兴旺、生态宜居、乡风文明、治理有效、生活富裕的总要求，建立健全城乡融合发展体制机制和政策体系，加快推进农业农村现代化，明确提出实施乡村振兴战略。2018 年中央一号文件以乡村振兴战略为主线，细化和部署了乡村振兴战略的实施措施，各级党委、政府也开始结合当地实际情况，量身制定适合当地乡村振兴的具体政策措施。

新农村建设、美丽乡村、乡村振兴均围绕乡村富兴展开，乡村建设在三个发展时期的侧重点有所不同。"新农村建设"以发展农村生产、加强素质教育、完善基础设施建设、健全农村社会保障体系为重点；"美丽乡村"以实现农村生产发展、生活富裕、生态良好为目标，重点打造山美水美环境美、吃美住美生活美的乡村生活；"乡村振兴"以健全城乡融合发展体制机制和政策体系、推进农业农村现代化发展为目标，重在培养"三农"工作人才。从新农村建设到美丽乡村再到乡村振兴，是实现中国社会主义美好目标的渐进过程，最终目的都是振兴乡村。

2012 年，住建部、文化部、财政部组织开展了全国第一次传统村落摸底调查，在各省初步评价和推荐的基础上，经传统村落保护和发展专家委员会评审认定，公示了第一批"中国传统村落"，并于 2013 年、2014 年分别公布了第二批和第三批名录名单，江西省九江市修水县黄坳乡朱砂村入选第三批名录。

2006 年中央全面部署新农村建设以来，修水县投入多项资金，积极进行新农

---

① 温家宝在中央农村工作会议上的讲话摘要（2006-02-18）[EB/OL]. http://www.gov.cn/ztzl/2006-02/18/content_203731.htm.

② 中华人民共和国农业农村部. 2006 年中央农村工作会议（12 月 22 日—23 日）[EB/OL]. http://www.moa.gov.cn/ztzl/nyfzhjsn/nczhy/201209/t20120903_2919594.htm.

村建设试点。黄沙镇和黄坳乡是修水县试点新农村建设的重点对象，这两个乡镇既有当地特有的生态资源，又有当地度身定制的规划编制。2008—2018年，黄沙镇大部分村庄开始进行村庄规划，这对当地传统村落的发展产生了重大影响，对社会主义新农村建设村落规划设计模式的探索有着重要意义。

（二）研究意义

1. 理论研究意义

美丽乡村建设不等同于新农村建设，而是对新农村建设的"再升级"。研究传统村落设计转型不仅需要完善新农村建设的相关理论，更需要总结转型中遇到的问题，并在实践中去设法解决。此外，通过在中国知网检索，发现研究新农村建设、美丽乡村建设的成果较为丰富，但对新农村建设到美丽乡村建设十年间传统村落设计转型的研究甚少。

本书以新农村到美丽乡村建设的十年为时间节点，从设计转型的角度，通过调查收集一手资料，对样本村庄在十年间的村庄规划设计进行调查研究，将理论与实践相结合，对传统村落进行多重分析，构建传统村落设计转型的基本思路和途径，在一定程度上丰富美丽乡村建设理论的研究内容，促进传统村落设计转型相关理论的进一步发展和完善。

2. 实践研究意义

通过对传统村落设计转型的研究，探索传统村落在经济、文化、审美观念的引导和自然条件、建设规范的影响下设计转型的规律，剖析当下传统村落规划设计中存在的问题，针对问题寻找传统村落设计转型的适宜道路，避免混乱建设、无序发展，为传统村落的可持续发展寻找新出路。

本书选取江西省修水县3个村庄[箬竹自然村（简称箬竹村）、朱砂村、汤桥中心村（简称汤桥村）]作为案例进行研究。修水县在新农村建设中响应党的号召，积极推进新农村建设步伐。2014年，黄坳乡的朱砂村入选第三批传统村落名录。2016年，黄沙镇的箬竹村被列入第四批传统村落名录，这对实地研究和获取一手资料具有重要的实践意义。

第一，修水县的黄沙镇和黄坳乡具有数量较多的、保存完整的传统村落，因此，将这两个乡镇的箬竹村、朱砂村、汤桥村作为新农村建设十年来的调查研究对象，探究新农村建设的成败得失，对中国改革开放以来正在进行转型的农村以及转型过程中产生的社会问题有着重大意义。此外，2008—2018年，黄沙镇和黄坳乡的部分传统村落进行过景区旅游发展规划、村落发展规划，这些规划文本与当地的未来发展方向是息息相关的。通过对比分析，有可能发现某些重要的但一直未被注意到的问题。

第二，科学理性的乡村规划设计，对维护农民公共利益具有指导作用。通过田野调查和统计分析等方法分析村庄建设现状，并提出相应的建议和对策，对我国传统村落从"新农村"到"美丽乡村"的转型具有重大的实践意义。

第三，修水县自然资源丰富，地理位置优越，新农村建设开始得较早，积累了丰富的建设经验，这为研究传统村落设计转型提供了丰富的研究资料。本书将箬竹村、朱砂村和汤桥村作为研究对象，原因有以下几点：首先，这些村落形态保存得较为完整，农业发展历史悠久；其次，这些村落具有深厚的传统文化底蕴；最后，这些村落的古村落结构和建筑保护得较好。

二、问题的提出

近年来，传统村落的转型得到了广泛重视，但由于缺乏理论和专业技术的指导以及严格的保护规划与发展规划编制，传统村落陷入盲目开发、保护性破坏的误区。政府的高度重视、学术界的深度研究对传统村落的发展起着关键作用。

传统村落转型的最根本问题在于：首先，村民难以理解保护传统建筑的重要性，也难以意识到传统建筑的价值；其次，村民希望提高生活品质，按照自己的意愿改造、拆建旧建筑，甚至一部分村民认为保护传统建筑是国家、专家的事，与他们毫不相干。面对众多需要保护的传统村落，国家的财力、人力只是杯水车薪，要想真正有效地做好转型工作，必须普及保护意识，调动公众自觉保护的积极性。

第一，规划问题——新旧风格冲突，现状不容乐观。一是对传统村落空间意境的保护不足。由于传统村落的"朴素"与新建筑的"时尚"不相匹配，村落整体格局被破坏。旧村落地面树木茂盛，村内呈现出"见树不见村，见村不见屋，闻声不见人"的奇特现象。反观现在的村落，欧式新建筑耸立于传统建筑之中，新建筑贴瓷砖镶玻璃，建筑周围砍树填渠，铺水泥建广场。传统村落"朴素"的空间意境逐渐消失。二是传统建筑的功能缺失。传统村落在通风、排水、卫生设施等方面具有局限性，而现代化设备能带来便利，为了追求更舒适的生活方式，村民逐渐搬出旧建筑，传统建筑逐渐陷入自生自灭的状态。三是消极的保护方式。村民对村落的保护意识薄弱，保护方法落后，加大了传统村落的保护难度。

第二，发展问题——方向不明，迫切转型。一是经济发展落后。传统村落居民的经济来源主要依靠农业，虽然部分村落已经实施"农业＋旅游"的经济模式，但因为乡村旅游发展尚不成熟，村落文化资源无法充分发挥经济价值，难以为传统村落的设计转型提供足够的经济支撑。传统村落处于被动保护状态，表现为物质形态虽得以保存，但村落"精神"却陷入危机。二是社会问题突出。农村地区的教育、医疗、娱乐和就业体系落后，导致人口频繁向城市流动，人们对传统村落的归属感和认同感逐渐弱化，传统村落蕴含的传统文化与价值被湮没，加快了

衰败速度，出现"空巢"现象。[1]三是保护力度不均衡。对于一些不在历史文化名村保护范畴内的村落，国家在政策和资金上的支持力度较小，因此即便村民有意识对传统资源进行保护，但缺少规范的保护条例和资金的支持，村落的保护和建设工作依旧困难重重。

三、国内外研究现状

（一）国外研究现状

国外关于乡村规划的研究有很多，主要集中在村落整体风貌的保护和生态居住方面。特别是英国、法国、德国等多个国家提出建设生态农村，以植物景观为主的自然公园开始遍布农村，在一定程度上促进了村落环境整治和村庄格局保护。

日本著名专家西村幸夫以历史保护为切入口对乡村建设进行了研究，他认为，"任何一个城镇都有其固有的特殊性，所面临的问题也是特有的"[2]。杨懋春在研究了发展中国家的乡村经济发展过程后，提出了整合乡村发展理念，即"合理规划乡村经济生产方式，稳步提高村民生活水平，最终达到乡村经济可持续发展"[3]。

早在中国进行新农村建设之前，法国、韩国、日本等国家已经开始农村建设的实践，并取得了有效进展。"他山之石，可以攻玉"，我国进行新农村建设和美丽乡村建设可以参考借鉴这些国家较为成熟的经验。

1. 韩国新农村运动

1962年起，韩国开始实施五年经济发展计划，城市经济迅速发展，随之而来的是大量人口从乡村涌入城市，给城市的发展带来交通压力增大、资源短缺等问题。不仅如此，更让韩国政府担心的是，农村劳动力的急剧减少直接导致了农业生产成本的上升和农业生产力的下降，出现经济腾飞的同时农业生产力停滞不前的现象。韩国新农村建设就是在这一背景下产生的。当时正处于20世纪60年代国际市场经济不景气，世界大部分国家采取贸易保护主义，出口导向国家面临通货膨胀、国际收支不均衡、经济发展停滞等问题的时期。[4]解决这一问题较好的方法就是扩大内需，减少出口，并增加农村人口的就业机会。

韩国在进行新农村运动的过程中，政府采取分期的方式，从基础设施建设开始，向正在进行新农村建设的乡镇发放水泥等建筑材料，并鼓励农民进行大规模

① 高元，吴左宾. 保护与发展双向视角下古村落空间转型研究——以三原县柏社村为例[A].//中国城市规划学会. 城市时代 协同规划——2013中国城市规划年会论文集[C]. 青岛：青岛出版社，2013：1266-1275.
② 西村幸夫. 都市保全计画[M]. 东京：东京大学出版会，2004：31-35.
③ Yang M C. *A Chinese Village: Taitou, Shantung Province*[M]. New York: Columbia University Press, 1965: 243-247.
④ 李春梅. 韩国"新村运动"及其对我国的启示[J]. 理论月刊，2006（8）：152-154.

公共投资来带动农村经济发展，同时优化当地产业结构，进而提高农民收入，改善农民生活质量。

2. 日本新农村建设

日本的新农村建设始于 19 世纪 40 年代，中央农部成立了构造改善局主导新农村建设，旨在缩小城乡差距，发展农村经济。1840—1880 年，新农村建设以政府为主导，由于没有经过严格的规划编制，改革成效并不显著。1880—1890 年，日本调整了方针政策，新农村建设由以政府为主导转变为地方政府和当地居民自发主导，这一转变激起了群众的参与热情，日本新农村建设发展成为"农村活性化建设模式"。

日本新农村建设的内容具体如下。

分阶段打造新农村示范点。以山形县为例，日本的新农村建设历经了四个阶段：第一阶段的主要任务是逐渐消除当地城乡差距，推进农业生产整治；第二阶段的主要任务是推进当地农业环境整治；第三阶段的主要任务是提升当地农民生活水平的同时，着力打造农村景观；第四阶段的主要任务是重视优化当地生态环境。

保留传统且富有本国特色的住宅形式。日本是一个难得的国内建筑形态高度一致的国家，随着时代的发展，日本的国内建筑虽然也融入了一些时代元素，但是依旧保持了建筑风貌的原有形态。在新农村建设过程中，日本在保留旧有建筑设备的基础上配备了现代化的生活设施，同时重视地区整体规划，合理设计建筑布局，详细制定技术指标，以提高乡村人居生活标准为建设目标。

产业结构多重，市场化运作。日本在新农村建设的过程中，不仅依赖农业这一支柱产业，同时鼓励发展第二、第三产业来带动当地居民就业。

建立长效管理机制，鼓励公众参与。日本制定了村民参与机制，鼓励居民参与地区规划及环境事业建设，形成政府和居民"共建"的新型模式。这种模式不仅可以让当地居民了解新农村的建设过程，还可以让当地居民成为决策的参与者。

1972 年，日本政府文化厅组织了"自然村落城镇保护对策研究协会"。1973—1976 年，当地居民陆续在各地村镇成立了村镇保护协会，主要对古村落从制定规划编制到实施规划项目过程中实行公众参与决策、项目实施监管，如爱知县的足助町村镇保护协会、香川县的金比罗门前町保存会等。其中包括今井町保存会、爱妻笼会等组织，明确以乡村城镇的保存和更加优美生活环境的创造[①]为目的，恢复美丽的乡村环境。日本在进行新农村建设过程中，许多民间组织或联盟逐渐走上正规化的轨道，居民参与村庄规划以及保护当地历史环境运动也因此迎来了一个又一个高潮，可以说，日本对历史文化村庄的保护运动的兴盛得益于居民参与度的不断提升。

---

① 吴宗平. 阶序格局视野下民族传统村落的保护与发展研究——以黔东南为例[D]. 贵州财经大学, 2017: 41.

（二）国内研究现状

国内对农村问题的调查研究始于 20 世纪 30 年代前后，当时国内学者、研究机构的调查重点主要集中在农村经济、土地问题、乡村规划等领域。

1. 农村经济、土地方面的研究

早期的乡村调查主要研究我国的乡土社会结构，且这类研究较多是对某一村域进行实证研究，如费孝通的《江村经济——中国农民的生活》，从普通农民的视角出发，考察了开弦弓村的方方面面，并从人类学家的独特视角展开了对农业、牧业、贸易、亲属关系、习俗等的讨论。陈翰笙、张乐天等从农村社会学的独特视角出发，以具体的村域聚落为基础，对农村社会关系、社会结构及乡土社会发展变革进行了研究。

21 世纪以后，解决好"三农"问题是党中央工作的重中之重[①]，研究这方面的著作有郑杭生主编的《当代中国农村社会转型的实证研究》以及李剑阁主编的《中国新农村建设调查》、江苏省住房和城乡建设厅主编的"2012 江苏乡村调查"系列丛书。这些著作通过实地调查的方式列举了大量的一手资料及典型案例，着重从统筹城乡发展的角度讨论了推进社会主义新农村建设的若干重大政策问题。这些著作可以作为研究中国农村问题及各地区制定农村建设规划的重要参考资料。

2. 规划学、建筑学领域对乡村问题的研究

规划学、建筑学领域对我国乡村问题进行研究的侧重点在于对农村聚落进行整体研究，或者是从历史沿革、地方民俗、地域性空间、自然条件等方面进行分析，如彭一刚的《传统村镇聚落景观分析》一书对我国传统建筑的组成要素及村落空间进行了独到分析。张杰和吴淞楠对传统村落的选址、主要布局、轴线、景观视角和尺度进行了量化研究，探究了对传统村落进行规划设计所应遵循的基本原则。[②]卢世主的《传统村落历史环境保护设计——以江西吉安钓源古村为例》将传统古村落划分为核心保护区、建设控制地带、环境协调区进行历史环境保护设计，倡导对传统古村落采取合理可行的保护及利用措施，已达到严格保护、合理开发和持续利用的效果。方明和董艳芳编著的《新农村社区规划设计研究》一书通过分析当前国内村庄建设现状和总结其问题所在，提出了我国新农村建设时期村庄规划的时代任务，并系统地阐述了村庄规划设计方法。覃永晖等的《新农村建设整治规划原理》一书介绍了我国新农村建设整治规划的研究方法和设计理念，并结合实践从专业性的角度阐述了我国农村规划整治的内涵。

---

① 中共中央　国务院关于加快发展现代农业 进一步增强农村发展活力的若干意见（2012 年 12 月 31 日）[EB/OL]. http://www.gov.cn/jrzg/2013-01/31/content_2324293.htm.

② 张杰，吴淞楠. 中国传统村落形态的量化研究[J]. 世界建筑，2010（1）：118-121.

3. 人居环境与乡村建设方面的研究

传统村落的转型受到宗教观念、文化习俗、社会变革、经济结构、家庭结构、土地产权等因素的影响，国内的专家、学者对这些因素进行了多方面的研究。吴良镛结合我国情况、学术理论基础，立足实践经验，提出应以人居环境科学理论为先导，并强调人居环境建设应尊重自然、以人为本。[①]马小英在《新农村背景下的乡村人居环境规划研究》一文中阐述了新农村建设、乡村人居环境的内涵，介绍了我国乡村人居环境的现状，分析了乡村人居环境规划中存在的问题，从规划的角度构建了一个尽可能完善的乡村人居环境。方明和邵爱云的《农村建设中的村庄整治》一书详细地阐述了村庄整治规划的做法以及村落人居环境如何得到提高和改善等一系列实际问题。

2010 年，国家标准化管理委员会将安吉美丽乡村标准化建设列为第七批农业标准化试点项目，创新地将标准化的应用从农业、工业逐渐转向美丽乡村、社会治理等更为广阔的领域。

浙江省安吉县以乡村生态环境为基础，以农耕文化为内涵，建设生态为本、农业为根、乡村美丽、村民幸福的美丽乡村，主要的建设经验有以下几点：第一，重视农业生产和生态保护，建立资源节约型社会和生态型消费的发展模式；第二，全面推进对农业的开发，延伸产业链，将第一产业与第二、三产业全面结合，建立高效的乡村经济发展体系；第三，挖掘乡村文化资源，开发休闲旅游模式；第四，打造安吉品牌，树立美丽乡村的形象，提升美丽乡村知名度与美誉度。

浙江省宁波市奉化区滕头村美丽乡村建设的经验：第一，构建优良的生态环境，增强村民的环保意识，开展农田整治工作，生态环境和园林景观成为滕头村的一大亮点。第二，滕头村积极引入高科技、立体农业，发展以旅游、园林绿化为核心的第三产业，不仅提升了滕头村的知名度，而且成为滕头村经济发展的转折点。第三，重视精神文化建设，兴办集体福利事业，建立社会养老、合作医疗等制度，同时建立"育才教育基金"，建设老年活动中心、村文化中心等文体活动场所。滕头村实现了"一年一个样、年年都变样"的承诺，并成为全国十佳小康、首批全国 5A 级乡村旅游区。

江西省婺源县江湾镇中国最美乡村的建设经验：第一，保护与开发当地特色旅游资源，对重要的资源，如古祠堂、古府邸、古民宅和古桥等物质文化遗产和村落古文化等非物质文化遗产进行保护，将村落的文化内涵转化为村落旅游产业中的灵魂。第二，依托旅游产业体系促进村落经济发展，将具有村庄特色的农家小吃、土特产等相结合，加深江湾镇旅游产业的开发，提升村落的经济发展水平。

---

① 吴良镛. 人居环境科学导论[M]. 北京：中国建筑工业出版社，2001.

第三，加大企业、社会资金多元投入，推动乡村建设与旅游产业共同发展。第四，保护生态环境和加强基础设施建设并举，以旅游开发为契机，全面推进乡村道路、电力、通信设施的建设，开展整治村容村貌、改水改厕等各项工作，全面改善乡村环境和面貌，实现建立生态宜居美丽乡村的目标。

四、研究内容及相关概念

新农村建设以来，乡村经历了诸多改变。为了建立传统村落设计转型的成功样本，我们先将村落按类别划分，再选择一组同一类型的村落作为重点研究对象，且这些村落的形态、结构、文化等保存得较为完整，具有较强的代表性。经过反复调查、研究、分析和筛选，最终选取黄沙镇的箬竹村、汤桥村和黄坳乡的朱砂村三个传统村落作为本次调查的研究对象。

（一）研究内容

传统村落的转型不是简单地改变村容村貌，而应从社会、经济、文化、审美、空间、环境等多角度理解。其中村落环境的转型是乡村建设的核心内容，是乡村社会、村落文化和空间结构的表现形式，也是社会关系的延伸和重组。

全书分为五章。其中第一章确定调查对象、调查方法和调查内容。第二章厘清三个样本村庄的发展现状，总结村落发展十年间产生的问题，为后续理论与实践研究做好准备工作。第三章从经济、文化、审美、生态宜居的角度挖掘影响传统村落设计的内在因素，探索人们是如何从观念上进行转变的。通过分析新农村的建设规范和美丽乡村的建设导则，总结新农村建设规范与美丽乡村建设规范的差异性，从规范转变的角度找寻传统村落的转型缘由。第四章在前面章节分析的基础上，提出美丽乡村要从空间结构、建筑形态及景观环境上实现设计转型，重点从村落环境保护、卫生整治、公共设施布局、景观空间规划四个层面阐述设计转型如何改善村落的生活环境。最后阐述传统民居建筑的营造技法在现代化背景下如何实现有效传承。第五章以箬竹村、汤桥村和朱砂村建设经验为例，探讨设计转型如何融入乡村建设。

（二）相关概念界定

1. 村庄建设规划

在新农村规划设计中，村庄建设规划的主要内容包括村域规划和村庄建设规划两部分。

村域规划以行政村为单位，依据当地乡镇规划技术导则，结合当地实际情况，对所规划的地区范围内的居民点布局、基础设施布局、产业布局、农业耕地等进行合理有效的规划。在评价当地村庄发展基础情况时，应先明确规划村庄发展方向、规模大小、发展类型等内容，再对当地社会经济发展做预估性的评价。同时根据当地乡镇规划，将规划地区范围内的土地划分为建筑控制地带、建筑保护地带、建筑适宜地带。

村庄建设规划以行政村或者自然村为主要单位，主要内容包括确定规划范围内部区域用地的空间分布，如划分生产用地、农业用地、住宅用地、村内基础设施用地、绿化用地等。在已规划的空间范围内合理进行道路交通规划、公共服务设施规划、给排水工程、电力电信、防灾减灾、能源使用、垃圾收集点等的位置，并且注重保护生态环境、人文历史遗存。

2. 新农村

所谓新农村，首先，农业生产和农村是密不可分的，所有农村的第一个特点应该是以从事农业生产为主；其次，农村是由村民组成的，其居住形式、生活方式和文化习俗是农村的第二个特点；最后，农村的第三个特点在于村落对生态环境的依附性，土地、水系、森林等不仅是农业生产的基础，更构成了农村生活的生态环境。

3. 美丽乡村

美丽乡村是对新农村的延续和发展。2005 年提出建设社会主义新农村后，全国各省区市纷纷响应号召，加快了农村建设步伐，制定了建设新农村的行动计划并付诸行动。2013 年中央一号文件提出了建设美丽乡村的目标[①]，并将美丽乡村建设作为实现建设美丽中国的重要组成部分。

美丽乡村建设与新农村建设是一脉相承的，美丽乡村建设继承和发展了新农村建设"生产发展、生活宽裕、乡风文明、村容整洁、管理民主"的总体要求，延续了相关的方针政策，并在新农村的基础上丰富了其内在实质，主要表现在着力保障和改善民生、提高农民生活品质、发展社会主义生态文明、实现可持续发展、建设优良的生态环境和人居环境等方面。建设美丽乡村符合我国社会发展目标和农村农民发展需求，具有重大的社会意义。

4. 乡村振兴战略

目前，我国农业的改革和发展已经取得了一定进展，基础设施逐渐完善，农业水平逐步提高。但在社会经济发展速度迅猛的时代背景下，农村缓慢的发展速度成为我国现代化进程中急需解决的问题。

十九大报告中，习近平同志提出乡村振兴战略，明确指出乡村振兴的总要求

---

① 中共中央 国务院关于加快发展现代农业 进一步增强农村发展活力的若干意见（2012 年 12 月 31 日）[EB/OL]. http://www.gov.cn/jrzg/2013-01/31/content_2324293.htm.

为产业兴旺、生态宜居、乡风文明、治理有效、生活富裕。乡村振兴战略是党中央结合我国农村和农业发展状况，为实现现代化发展而提出的新发展理念，有助于保障农民生活水平，推进农村建设，加快实现农业现代化，同时还有助于缩小城乡差距，推动城乡融合发展。

5. 传统村落

传统村落是由古村落演变而来的，为了凸显村落的历史与文明，传统村落保护和发展委员会在 2012 年将"古村落"改为"传统村落"。传统村落一般是指民国及其之前建立的村落，通常既有优美的自然环境，又传承了丰富的民俗文化，还有保护价值极高的传统建筑群，在文化、艺术、历史、社会经济等方面均具有较高价值。

本书总体框架图如图 0-1 所示。

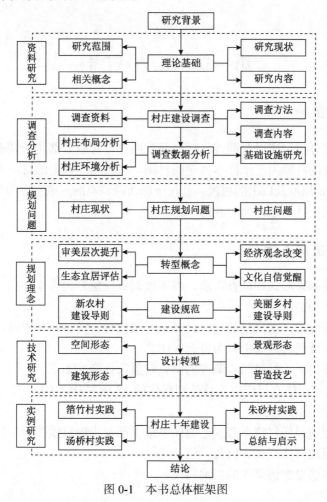

图 0-1　本书总体框架图

第一章

传统村落新农村建设调查研究

第一节　调查资料

一、调查对象

本次调查分为村庄概况调查、村民问卷调查、村组干部访谈调查三类，其中村庄概况调查的对象为三个样本村庄的村民。村民问卷调查的对象为居住在三个样本村庄的 18 周岁及以上的村民。驻村干部访谈调查的对象主要为村基层干部或曾经在村内担任过 6 年以上的驻村干部。

二、调查对象纳入标准

根据不同调查形式和调查需求，将本次调查对象分为样本村庄、当地村民、村干部、游客四类。

调查小组经过多次反复筛选，最终选择箔竹村、汤桥村和朱砂村为本次调查样本村庄，茅坪村和万家山村为备选村庄。

村组干部访谈、村民问卷调查的调查对象选择标准如下。

第一，在所选样本村庄出生且长期居住的 18 周岁及以上居民，或在当地生活10 年及以上的常住居民。

第二，当地现任村镇干部或已退休乡镇干部及当地村镇驻村干部。

第三，当地村庄族长、村长、组长等。

第四，自愿参加该调查的当地村民。

三、调查对象排除标准

此次调查的样本村庄的排除标准如下。

第一，新农村建设未满 10 年的村庄。

第二，非传统村落。

第三，新农村建设期间尚未进行村落规划的村庄。

第四，无法收集到近几年完整资料、数据的村庄。

村民及村组干部访谈、村民问卷调查的调查对象的排除标准如下。

第一，未满 18 周岁的村民及在当地居住未满 10 年的非常住人口。

第二，患有基本认知障碍或者因文化程度受限无法理解问卷内容的村民。

第三，在进行问卷调查过程中因故未能完成调查者或错填、漏填者。

第四，不愿意参加本次调查的村民。

四、调查时间与地点

本次调查分三个阶段进行，初次调查时间为 2019 年 3 月，调查小组首次进入样本村庄进行调查；2019 年 5 月，调查小组对样本村庄开展第二次调查，并随机发放村民调查问卷进行深入调查及访谈；2019 年 9 月，调查小组以回访为主要目的，对前期调查内容进行了查漏补缺（表 1-1）。

表 1-1　修水县传统村落新农村建设三次调查情况表

调查阶段	调查工作	调查时间	调查行程
初次调查	对当地村落进行初步了解，对比卫星图片拍摄照片，进行测绘、标记道路，从而获得基础资料	2019.3.15—2019.3.17	修水县的岭斜村—张家村—箬竹村
		2019.3.25—2019.3.26	修水县的箬竹村—下高丽村—高坪村
第二次调查	在样本村庄发放调查问卷，进行访谈调查，在样本村庄村委收集相关资料	2019.5.11—2019.5.14	修水县的朱砂村—汤桥村—箬竹村
第三次调查	对第二次调查进行回访，对调查内容进行查漏补缺	2019.9.10—2019.9.12	修水县的朱砂村—汤桥村—箬竹村

第二节　调查方法

本次调查的方法包括文献研究法、访谈调查法、问卷调查法、历时性研究方法等多种方法。

在调查过程中，首先，对村庄规划设计的相关资料进行收集，包括对村庄布局、村庄环境、基础设施等的相关规划内容进行初步了解。借助卫星地图对样本村庄的总体空间形态进行初步了解，并依照现有资料及卫星地图提前掌握样本村庄的村庄布局、道路交通、建筑等信息，打印相关图纸，做好标记，以备现场调查时使用。其次，在对样本村庄具有一定了解的基础上，制订调查计划，准备调查所需材料，到达样本村庄后，通过问卷调查和访谈等方法对三个样本村庄进行综合调查。最后，检验调查样本的可信度，采用描述分析及因子分析方法进行数据及调查资料整理。

此次问卷调查分为自填式问卷和访谈式问卷两种，每份问卷回收前均由调查小组成员现场把控回收问卷质量，以保障问卷的有效性和回收率。其中，样本村庄概况调查问卷需要样本村庄的村委提供村落近十年规划建设方面的文本及相关数据信息，用于新农村建设十年来的阶段性对比。对于访谈调查来说，选择合适的访谈对象较为重要，在调查期间尽量不干扰村民的日常生活，与村民沟通时尽量使用平实易懂的语言与调查对象进行交流。

一、调查问卷的设计

本次调查的问卷分别为样本村庄概况调查表（附录 1）、村民调查问卷（附录 2）、访谈大纲（村组干部和村民）（附录 3）。

（一）问题设计针对性强

为了获得更多的有效数据，问卷中的问题需要有较强的针对性。因此在调查准备前期，就应对此次调查重点（村落规划设计以及十年的历时性研究）的相关资料进行收集。

本次调查旨在研究传统村落新农村建设十年来的成败得失，为保证调查质量，首先应保证调查对象具有典型性特征；其次应保证问卷问题的精准设置，保证问题的不可替代性；最后应避免问题及选项的表述含糊不清，出现歧义。

（二）问卷反馈的易获得性

调查对象大多讲方言，在与他们的交流过程中存在语言不通、表达习惯不同等障碍，因此，调查问卷问题的设置应该言简意赅，且问题设置内容应该在调查对象的认知范围内（表 1-2）。

表 1-2 村民调查问卷、访谈大纲的调查目的和问题设置表

调查范畴	调查目的	问卷问题设置
调查对象基本信息	调查对象自然属性	1.您的性别是？ 2.您的年龄是？
	调查对象社会属性	3.您的职业是？ 4.您的文化程度为？ 5.您的政治面貌为？
农户基本信息	家庭人口及组成状态	6.您家有几口人？ 7.您家常住人口有几人？ 8.您家外出务工人数为？ 9.您的个人家庭情况？
	家庭经济状况	10.您家庭的可支配收入大概是多少？
	农户住房状况	11.您家农宅面积大概是多少平方米？
		12.您家住宅形式为？
		13.您家住房面积约为？
		14.住房外观有无进行统一规划？
		15.新农村建设以来，您对自家房屋外观是否满意？
		16.相比新农村建设之前，村庄整体建筑外观是否有所改善？您认为还有哪些地方需要改善？
村庄基础设施状况调查	村庄规划	17.村庄近十年有无进行统一规划？
		18.村庄近十年规划建设的主要成果有哪些？
		19.您所在村庄有无进行产业规划，若有，哪一年进行的规划，有无实施？
		20.您对所在村庄实施规划的满意度如何？
		21.您如何评价本村的村落规划项目及人居环境质量？
		22.每个村民都愿意参与到村庄统一规划中吗？
		23.村委会、政府和企业有没有参与到村庄规划中？
	村庄布局	24.您对村庄布局满意吗？有什么更好的建议吗？
	给排水	25.您所在村庄是否通自来水？
		26.您所在村庄自来水供应系统是什么？
		27.您所在村庄自来水供应情况如何？
		28.新农村建设以来，村庄给排水方式有何变化？
		29.现有村庄给排水工程是否能满足您的需要？
	防灾减灾	30.您所在村庄是否有消防通道、消火栓等防灾减灾设施？
	绿化景观	31.您对村内的公共绿化环境满意吗？
		32.您对村口绿化满意吗？
		33.您对村内硬质景观满意吗？
		34.您对自家庭院绿化满意吗？

续表

调查范畴	调查目的	问卷问题设置
	交通状况	35.从您家外出到村道、公路、省道是否方便？
		36.您家有农用机械或者小汽车吗？
		37.您平时务农的交通方式是什么？
		38.您平时外出的交通工具是什么？
		39.购买日常生活用品是否方便？
		40.您的出行方式通常是什么？
		41.您认为现有出行方式和十年前对比是否更加方便？如果需要调整，您认为如何改进？
		42.新农村建设以来，村庄道路建设状况如何？
		43.村庄道路交通能否满足您的日常需要？
	电力电信	44.您家用电方便吗？
		45.您所在村庄的民用电压稳定吗？
		46.您所在村庄的电视信号、电话信号质量如何？
		47.您所在村庄的电力电信设施是否满足需求？
	能源使用	48.您家使用什么燃料？
		49.村内主要的生活能源是什么？
		50.您家的生活用水来源是什么？
村庄环境状况调查	环境调查	51.您所在村庄新农村建设十年来是否有环境整治？
		52.您认为现在的村内环境怎么样？
		53.您对村庄清洁费用的承受度是多少？
		54.您是否满意新农村建设对村庄环境的规划？如果不满意，您认为哪些地方应改进？
	生活废弃物排放调查	55.您所在村庄的生活污水的排放方式是什么？
		56.您所在村庄的生活垃圾的处理方式是什么？
村庄公共服务设施调查	公共服务设施调查	57.您的业余活动是？村里有村民活动室吗？
		58.您所在村庄有村民广场和体育设施吗？
		59.您所在村庄的公共服务设施成本由谁出？
村庄建设历时性调查	新农村建设十年历时性调查	60.您最希望改善的基础设施是什么？
		61.近十年主要村庄规划项目有哪些？
		62.您觉得村内绿化景观、家里庭院景观有无改善？还有哪些地方需要改进？
		63.相比十年前，您觉得村内环境卫生是否有所改善？如果有，哪些地方有所改善？如果没有，为什么村内环境卫生没有得到改善？
		64.新农村建设十年来，您觉得比较成功的地方在哪里？还有哪些地方需要改进？
		65.对村管理有意见的表达渠道是什么？

二、调查员的选择及工作内容

本次调查小组由 1 名调查负责人、2 名主要研究人员及 2 名调查成员组成。调查小组人员结构、工作内容及工作量统计如表 1-3 所示。

表 1-3　调查小组人员结构、工作内容及工作量统计

人员结构	人数	工作内容	工作量统计
调查负责人	1	任务统筹、参与访谈；制定调查研究框架，撰写研究报告	调查负责人和主要研究人员主要负责走访三个样本村庄；参与对三个样本村庄的详细调查
主要研究人员	2	制订三个样本村庄的调查计划，包括村干部和村民的访谈内容，结合调查状况撰写调查报告	
调查成员	2	进入样本村庄进行问卷发放、回收，负责统计数据、图纸绘制等工作	参与对三个样本村庄的详细调查

调查小组采用样本村庄选择—详细调查—回访相结合的方式进行工作。[①]样本村庄选择：提前访问需要调查的村庄并进行预调查，联系当地村委了解村庄概况，收集相关文本资料和数据资料，并设计调查问卷。详细调查：调查小组对样本村庄进行了 4 天的调查，前 3 天调查成员对样本村庄进行详细调查，调查负责人及主要研究人员对村干部进行访谈，第 4 天进行资料汇总和查漏补缺工作。回访：针对需要校对及核对调查信息的村民进行回访，并补充缺失的数据及相关信息。

三、问卷质量的控制

本次调查问卷由被调查者现场填写完毕之后交由调查员进行逐条核查，若发现不合格的问卷（如填写不完整、选择性条目答案缺失等），则要求被调查对象补充填写或进行修改，直至整份问卷填写完毕。本次问卷调查共发放村民问卷 100 份，村民访谈问卷共发放 15 份，样本村庄概况调查表共发放 3 份。其中，村民调查问卷回收 98 份，回收率为 98%；村民访谈问卷回收 15 份，回收率为 100%；样本村庄概况调查表回收 3 张，回收率为 100%。

四、调查问卷品质检验

（一）效度检验

调查小组将调查数据录入 SPSS12.0 进行效度计算，结果显示，问卷 KMO 值

---

① 韩冬青，王恩琪. 2012 江苏乡村调查——镇江篇[M]. 北京：商务印书馆，2012：2-3.

为 0.759，属于可接受范围，具体各项指数见表 1-4，各项指标指数见表 1-5。

表 1-4 KMO 和 Bartlett 检验样本数据效度检验

KMO 检验		0.759
Bartlett 的球形检定	χ^2	464.947
	df	120
	p	0.000

表 1-5 调查问卷效度检验各项指标指数

问题设置	起始	截取
1.您家用电方便吗？	1.000	0.751
2.村庄民用电压稳定吗？	1.000	0.754
3.村庄电视信号、电话信号质量如何？	1.000	0.648
4.村庄是否通自来水？	1.000	0.729
5.村庄自来水供应情况如何？	1.000	0.780
6.村庄自来水供应系统是什么？	1.000	0.733
7.新农村建设十年来，村庄有无进行过布局规划？	1.000	0.736
8.您对所在村庄规划实施的满意度如何？	1.000	0.766
9.新农村建设十年来，村庄有无进行过环境整治？	1.000	0.522
10.您对村内公共绿化环境满意吗？	1.000	0.718
11.您认为现在村内环境如何？	1.000	0.770
12.您对村口绿化满意吗？	1.000	0.698
13.您对村内硬质景观满意吗？	1.000	0.707
14.您对自家庭院绿化满意吗？	1.000	0.669
15.您所在村庄有村民活动室吗？	1.000	0.594
16.您所在村庄有村民广场和体育设施吗？	1.000	0.761

接着，调查小组对数据的总方差解释进行了分析计算，结果显示，各项目值均大于 0.7，属于可接受范围，具体各项指数见表 1-6。

表 1-6 数据总方差解释分析

组件	初始特征值			提取载荷平方和			旋转载荷平方和		
	总计	方差百分比/%	累计百分比/%	总计	方差百分比/%	累计百分比/%	总计	方差百分比/%	累计百分比/%
1	4.357	27.234	27.234	4.357	27.234	27.234	2.566	16.039	16.039
2	1.742	10.888	38.122	1.742	10.888	38.122	2.512	15.701	31.740

续表

组件	初始特征值			提取载荷平方和			旋转载荷平方和		
	总计	方差百分比/%	累计百分比/%	总计	方差百分比/%	累计百分比/%	总计	方差百分比/%	累计百分比/%
3	1.602	10.010	48.132	1.602	10.010	48.132	1.749	10.929	42.669
4	1.464	9.150	57.282	1.464	9.150	57.282	1.708	10.675	53.344
5	1.133	7.084	64.366	1.133	7.084	64.366	1.517	9.482	62.826
6	1.037	6.483	70.849	1.037	6.483	70.849	1.284	8.023	70.849
7	0.757	4.729	75.578						
8	0.632	3.948	79.526						
9	0.583	3.643	83.169						
10	0.517	3.230	86.399						
11	0.481	3.006	89.405						
12	0.432	2.700	92.105						
13	0.363	2.266	94.371						
14	0.350	2.186	96.557						
15	0.297	1.859	98.416						
16	0.253	1.584	100.00						

由于问卷涉及村民满意度调查，所以还需对村民满意度数据进行因子分析。通过对三个样本村庄村民满意度的因子分析，共提取到 6 个主成分（表 1-7），对问卷成分矩阵进行旋转，旋转后 6 个主成分的相关系数见表 1-8。

表 1-7 问卷旋转后的成分矩阵

问题设置	组件					
	F1（村庄绿化满意度）	F2（供电满意度）	F3（自来水系统满意度）	F4（供水情况满意度）	F5（整体环境满意度）	F6（体育设施满意度）
1.您家用电方便吗？	0.223	0.797	−0.077	0.030	0.039	0.242
2.村庄民用电压稳定吗？	0.177	0.627	−0.188	0.258	0.133	0.458
3.村庄电视信号、电话信号质量如何？	−0.035	0.759	0.123	−0.091	0.214	−0.045
4.村庄是否通自来水？	0.056	−0.034	−0.116	−0.773	0.095	0.325
5.村庄自来水供应情况如何？	0.046	−0.031	−0.022	0.822	0.069	0.222
6.村庄自来水供应系统是什么？	−0.072	−0.055	0.769	0.417	0.030	0.079
7.新农村建设十年来，村庄有无进行过布局规划？	−0.207	−0.099	−0.660	0.174	−0.414	−0.215

续表

问题设置	组件					
	F1（村庄绿化满意度）	F2（供电满意度）	F3（自来水系统满意度）	F4（供水情况满意度）	F5（整体环境满意度）	F6（体育设施满意度）
8.您对所在村庄规划实施的满意度如何？	0.253	0.672	0.469	−0.080	−0.012	−0.154
9.新农村建设十年来,村庄有无进行过环境整治？	0.229	0.253	0.276	−0.264	0.510	−0.011
10.您对村内公共绿化环境满意吗？	0.695	0.435	0.126	0.053	0.070	−0.149
11.您认为现在村内环境如何？	0.024	0.087	−0.006	0.085	0.868	−0.031
12.您对村口绿化满意吗？	0.637	0.121	0.259	0.122	0.441	−0.040
13.您对村内硬质景观满意吗？	0.811	0.140	0.040	−0.092	−0.114	−0.079
14.您对自家庭院绿化满意吗？	0.787	−0.028	−0.037	−0.006	0.179	0.122
15.您所在村庄有村民活动室吗？	0.371	0.368	0.467	−0.213	−0.077	0.227
16.您所在村庄有村民广场和体育设施吗？	−0.099	0.104	0.226	−0.038	−0.057	0.827

注：F1（村庄绿化满意度），F2（供电满意度），F3（自来水系统满意度），F4（供水情况满意度），F5（整体环境满意度），F6（体育设施满意度）

表 1-8 相关系数成分旋转矩阵

问题设置	组件					
	F1（村庄绿化满意度）	F2（供电满意度）	F3（自来水系统满意度）	F4（供水情况满意度）	F5（整体环境满意度）	F6（体育设施满意度）
1.您家用电方便吗？	0.223	0.797	−0.077	0.030	0.039	0.242
2.村庄民用电压稳定吗？	0.177	0.627	−0.188	0.258	0.133	0.458
3.村庄电视信号、电话信号质量如何？	−0.035	0.759	0.123	−0.091	0.214	−0.045
4.村庄是否通自来水？	0.056	−0.034	−0.116	−0.773	0.095	0.325
5.村庄自来水供应情况如何？	0.046	−0.031	−0.022	0.822	0.069	0.222
6.村庄自来水供应系统是什么？	−0.072	−0.055	0.769	0.417	0.030	0.079
7.新农村建设十年来,村庄有无进行过布局规划？	−0.207	−0.099	−0.660	0.174	−0.414	−0.215
8.您对所在村庄规划实施的满意度如何？	0.253	0.672	0.469	−0.08	−0.012	−0.154

问题设置	组件					
	F1（村庄绿化满意度）	F2（供电满意度）	F3（自来水系统满意度）	F4（供水情况满意度）	F5（整体环境满意度）	F6（体育设施满意度）
9.新农村建设十年来，村庄有无进行过环境整治？	0.229	0.253	0.276	−0.264	0.510	−0.011
10.您对村内公共绿化环境满意吗？	0.695	0.435	0.126	0.053	0.070	−0.149
11.您认为现在村内环境如何？	0.024	0.087	−0.006	0.085	0.868	−0.031
12.您对村口绿化满意吗？	0.637	0.121	0.259	0.122	0.441	−0.040
13.您对村内硬质景观满意吗？	0.811	0.140	0.040	−0.092	−0.114	−0.079
14.您对自家庭院绿化满意吗？	0.787	−0.028	−0.037	−0.006	0.179	0.122
15.您所在村庄有村民活动室吗？	0.371	0.368	0.467	−0.213	−0.077	0.227
16.您所在村庄有村民广场和体育设施吗？	−0.099	0.104	0.226	−0.038	−0.057	0.827

（二）信度检验

利用 SPSS12.0 对问卷的满意度相关问题进行信度分析，结果显示，Cronbach's α 系数为 0.714（表 1-9），属于可接受信度水平，说明问卷信度较高。

表 1-9　样本数据可信度检验

Cronbach's α	项目个数
0.714	15

将问卷数据录入 SPSS12.0 得出成分得分系数矩阵（表 1-10）。

表 1-10　成分得分系数矩阵

问题设置	组件					
	F1	F2	F3	F4	F5	F6
1.您家用电方便吗？	−0.019	0.360	−0.165	0.039	−0.049	0.105
2.村庄民用电压稳定吗？	0.010	0.249	−0.260	0.174	0.059	0.319
3.村庄电视信号、电话信号质量如何？	−0.206	0.399	−0.001	−0.047	0.093	−0.164
4.村庄是否通自来水？	0.032	−0.085	−0.099	−0.448	0.081	0.285
5.村庄自来水供应情况如何？	0.063	−0.052	−0.067	0.488	0.056	0.200

续表

问题设置	组件					
	F1	F2	F3	F4	F5	F6
6.村庄自来水供应系统是什么?	−0.083	−0.089	0.514	0.222	−0.072	0.012
7.新农村建设十年来,村庄有无进行过布局规划?	0.011	0.108	−0.352	0.110	−0.194	−0.123
8.您对所在村庄规划实施的满意度如何?	−0.051	0.301	0.257	−0.045	−0.158	−0.250
9.新农村建设十年来,村庄有无进行过环境整治?	−0.022	0.029	0.082	−0.150	0.309	−0.059
10.您对村内公共绿化环境满意吗?	0.252	0.110	−0.013	0.054	−0.077	−0.156
11.您认为现在村内环境如何?	−0.103	−0.019	−0.138	0.056	0.667	−0.041
12.您对村口绿化满意吗?	0.236	−0.106	0.046	0.088	0.224	−0.034
13.您对村内硬质景观满意吗?	0.398	−0.064	−0.033	−0.030	−0.199	−0.039
14.您对自家庭院绿化满意吗?	0.407	−0.197	−0.130	0.023	0.055	0.158
15.您所在村庄有村民活动室吗?	0.097	0.060	0.253	−0.121	−0.201	0.122
16.您所在村庄有村民广场和体育设施吗?	−0.036	−0.061	0.098	−0.025	−0.079	0.655

将这 16 个能表示新农村建设满意度的指标用 6 个主成分表示,具体为

F1=−0.019+0.010+(−0.206)+0.032+0.063+(−0.083)+0.011+(−0.051)+(−0.022)+0.252+(−0.103)+0.236+0.398+0.407+0.097+(−0.036)

F2=0.360+0.249+0.399+(−0.085)+(−0.052)+(−0.089)+0.108+0.301+0.029+0.110+(−0.019)+(−0.106)+(−0.064)+(−0.197)+0.060+(−0.061)

F3=−0.165+(−0.260)+(−0.001)+(−0.099)+(−0.067)+0.514+(−0.352)+0.257+0.082+(−0.013)+(−0.138)+0.046+(−0.033)+(−0.130)+0.253+0.098

F4=0.039+0.174+(−0.047)+(−0.448)+0.488+0.222+0.110+(−0.045)+(−0.150)+0.054+0.056+0.088+(−0.030)+0.023+(−0.121)+(−0.025)

F5=−0.049+0.059+0.093+0.081+0.056+(−0.072)+(−0.194)+(−0.158)+0.309+(−0.077)+0.667+0.224+(−0.199)+0.055+(−0.201)+(−0.079)

F6=0.105+0.319+(−0.164)+0.285+0.200+0.012+(−0.123)+(−0.250)+(−0.059)+(−0.156)+(−0.041)+(−0.034)+(−0.039)+0.158+0.122+0.655

这 6 个主成分的权重分别占总解释方差的比例如表 1-11 所示。

表 1-11　6 个主成分占总解释方差的比例

主成分	特征值	占总方差的比例/%	累计百分比/%	标准分数
F1	2.566	16.039	16.039	0.226
F2	2.512	15.701	31.740	0.222

续表

主成分	特征值	占总方差的比例/%	累计百分比/%	标准分数
F3	1.749	10.929	42.669	0.154
F4	1.708	10.675	53.344	0.151
F5	1.517	9.482	62.826	0.134
F6	1.284	8.023	70.849	0.113

总评分公式为：

$$Z\text{-score}=0.226F1+0.222F2+0.154F3+0.151F4+0.134F5+0.113F6$$

按该总评分公式对三个样本村庄受访者的综合评分进行单因素方差比较，结果发现，三个样本村庄受访者的综合评分存在显著差异（$p<0.05$）。其中，朱砂村受访者的平均满意度最高，为 1.3331，箬竹村受访者的平均满意度最低，为 0.6351，汤桥村受访者的满意度在两者之间。

（三）数据对比检验

样本可信度检验，即运用同一种方法对同样对象进行重复测试，观察所得结果是否一致。2019 年 3 月，调查小组第一次进入黄沙镇对样本村庄现状及十年前的村庄状况进行资料收集。第二次调查的重点在寻找符合条件的调查对象，并向他们发放调查问卷。基于部分调查对象存在文化程度不高或敷衍等问题，调查员随机选择调查对象，并与其进行口头交流。

收集问卷数据后，采用受访村民的性别比例和国家卫生健康委员会提供的性别数据做对比、受访村民文化程度比例与《江西统计年鉴 2019》统计数据对比等方式，对问卷样本进行信度检验。

根据《江西统计年鉴 2019》统计结果，江西省男性人口占比为 51.29%，女性人口占比为 48.71%。三个样本村庄女性的平均占比为 48%，男性平均占比为 52%，性别比与《江西统计年鉴 2019》性别比基本一致（表 1-12）。

表 1-12 受访村民性别比

性别	人数/人	百分比/%	有效百分比/%	累计百分比/%
男	51	52	52	52
女	47	48	48	100
合计	98	100	100	

2008—2014 年农村人口就业数据显示，样本村庄第一产业从业者比例有小幅度下降，第二产业从业者比例从 23% 上升到 26%，第三产业从业者比例有明显的增长，从 15% 增至 21.2%。《江西统计年鉴 2014》显示，农村地区第一产业从业者比例为 55.3%，第二产业从业者比例为 25.9%，第三产业从业者比例为 18.8%。由此可见，样本村庄的产业从业者比例与《江西统计年鉴 2014》的数据基本吻合。

将样本村庄的性别比例、年龄结构、收入结构、家庭人口等调查数据与《江西统计年鉴 2019》数据相比较。结果显示，两者较为一致，因此问卷数据有较强的可信度。

五、统计方法

本次调查由调查小组负责数据的收集和汇总工作。首先将收集的问卷数据录入 Excel 进行整理，再将整理后的数据录入 SPSS12.0 中进行统计分析。

（一）数据库的建立

本次新农村建设调查问卷以第二次调查及第三次回访收集到的村民调查问卷数据为基础，分组录入 SPSS12.0 中。其中有 29 份问卷来自箬竹村，36 份问卷来自朱砂村，33 份问卷来自汤桥村。

（二）数据库的录入

将整理的数据录入 SPSS12.0，见表 1-13。

表 1-13 修水县新农村建设调查问卷数据录入

问卷问题	录入值标签设置
1.年龄	1.20—44 岁；2.45—59 岁；3.60—69 岁；4.70 岁及以上
2.性别	1.女；2.男
3.居住地	1.朱砂村；2.汤桥村；3.箬竹村
4.家庭人口	1.3 人及以下；2.4—5 人；3.6 人及以上
5.文化程度	1.小学以下；2.小学；3.初中；4.高中/中专/技校；5.大专
6.外出务工人数	1.0 人；2.1—3 人；3.3—5 人；4.6 人及以上
7.您家用电方便吗?	1.很方便，电压稳定； 2.电压偶尔不稳定； 3.电压常常不稳定； 4.还未通电

问卷问题	录入值标签设置
8.村庄民用电压稳定吗？	1.很稳定，从不或者极少停电； 2.比较稳定，偶尔停电，不太频繁； 3.不稳定，经常停电，停电有通知； 4.非常不稳定，经常停电，停电无通知
9.村庄电视信号、电话信号质量如何？	1.非常好，信号通畅； 2.一般，有时信号不佳； 3.勉强能使用，信号时断时续； 4.差，基本收不到信号
10.村庄是否通自来水？	1.是；　　　　2.否
11.村庄自来水供应系统是什么？	1.本村统一供应； 2.乡镇统一供应； 3.县区统一供应； 4.其他
12.村庄自来水供应情况如何？	1.全年正常供水； 2.经常停水； 3.每天定时供水； 4.其他
13.村庄有无消防通道、消火栓等防灾减灾设施？	1.有；　　　　2.无
14.新农村建设十年来，村庄有无进行过布局规划？	1.有；　　　　2.无
15.您对所在村庄规划实施的满意度如何？	1.很满意，提高了村民生活质量； 2.满意，解决了村民生活问题； 3.一般，没什么变化； 4.其他
16.新农村建设十年来，村庄有无进行过环境整治？	1.有过，效果明显； 2.有过，收效甚微； 3.没有，村庄环境较好； 4.没有，村庄环境脏乱
17.您对村内公共绿化环境满意吗？	1.非常满意； 2.满意； 3.比较满意； 4.有点满意； 5.不满意； 6.非常不满意

续表

问卷问题	录入值标签设置
18.您认为现在村内环境如何？	1.整洁； 2.不整洁； 3.脏乱差
19.您对村庄清洁费用的承受度	1.只要合理都能接受； 2.每年 200 元以下； 3.每年 100 元以下； 4.不应该交钱
20.您所在村庄生活污水的排放方式	1.随意排放； 2.排入管道； 3.排入沟渠； 4.其他
21.您所在村庄生活垃圾的处理方式	1.焚烧； 2.垃圾清理车运走； 3.掩埋； 4.不处理，随意丢弃； 5.有固定收集点
22.您对村口绿化的满意程度	1.非常满意； 2.满意； 3.比较满意； 4.有点满意； 5.不满意； 6.非常不满意
23.您对村内硬质景观的满意程度	1.非常满意； 2.满意； 3.比较满意； 4.有点满意； 5.不满意； 6.非常不满意
24.您对自家庭院绿化的满意程度	1.非常满意； 2.满意； 3.比较满意； 4.有点满意； 5.不满意； 6.非常不满意

续表

问卷问题	录入值标签设置
25.您的业余活动是	1.在家看电视； 2.打麻将； 3.散步； 4.走亲访友
26.您所在村庄有村民活动室吗?	1.有，没有去过； 2.有，经常去； 3.没有； 4.规划文本上有，但没有建成
27.您所在村庄有村民广场和体育设施吗?	1.有，没有去； 2.有，经常去； 3.没有； 4.规划文本上有，但没有建成
28.您所在村庄的公共服务设施成本由谁出	1.村集体出； 2.政府出； 3.开发企业出； 4.村民分摊部分
29.您最希望改善的基础设施是什么?	1.饮水； 2.修路； 3.用电； 4.沼气； 5.厕所改造； 6.污水处理； 7.垃圾收集； 8.文化建设； 9.医疗

六、样本村庄调查数据分布

（一）问卷和访谈数据分布

本次调查共发放 100 份村民调查问卷和 15 份村民访谈问卷, 根据三个样本村庄的实际情况, 问卷发放量有所不同。其中, 在箬竹村发放了 30 份村民调查问卷和 5 份村民访谈问卷, 回收 29 份有效村民调查问卷和 5 份村民访谈问卷; 在朱砂村发放了 36 份村民调查问卷和 5 份村民访谈问卷, 全部收回; 在汤桥村发放了

34 份村民调查问卷和 5 份村民访谈问卷，回收 33 份有效村民调查问卷和 5 份村民访谈问卷。

（二）调查数据处理与图表解读

本次调查数据的处理结果主要以柱状图、雷达图、饼状图等方式呈现。本部分主要呈现村民基本信息的有关数据。

1. 村民性别占比调查

受访村民中，女性占比为 48%，男性占比为 52%（图 1-1）。

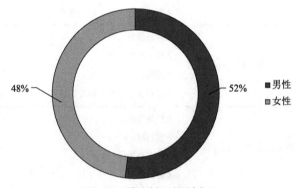

图 1-1　受访村民性别占比

2. 村民年龄调查

本次调查将受访村民年龄划分为 20—44 岁、45—59 岁、60—69 岁和 70 岁及以上 4 个年龄段（图 1-2）。受访村民的年龄以 45—59 岁和 60—69 岁为主，分别占总受访人数的 29.3% 和 38%；20—44 岁的占比为 21.4%，70 岁及以上的占比最低，为 11.3%。

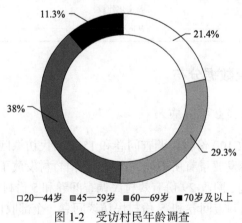

图 1-2　受访村民年龄调查

3. 村民职业占比调查

受访村民的职业以务农为主，占比为 73.4%，且主要为中老年群体。其次是个体户和务工，占比分别为 13% 与 11.6%，且多为青壮年群体（表 1-14）。

表 1-14　受访村民职业调查表

职业	人数/人	百分比/%	有效百分比/%	累计百分比/%
务农	72	73.4	73.4	73.4
务工	11	11.6	11.6	85
个体户	13	13	13	98
教师	2	2.0	2	100
其他	0	0	0	100
合计	98	100	100	

4. 教育程度调查

受访村民的文盲率低于 20%，受过小学教育的占 51%，受过初中教育的占 22%，具有高中/中专/技校文化程度的占 8%，具有大专文化程度的仅有 1%（表 1-15）。

表 1-15　受访居民文化程度调查表

	文化程度	人数/人	百分比/%	有效百分比/%	累计百分比/%
有效	小学以下	16	16	16.3	16.3
	小学	51	51	52	68.3
	初中	22	22	22.5	90.8
	高中/中专/技校	8	8	8.2	99
	大专	1	1	1	100
缺失	系统	2	2		
合计		100	100		

5. 农户家庭可支配收入调查

本次调查将农村家庭年可支配收入划分为 4 个等级，分别是 10 000 元以下、10 000—18 000 元、18 000—26 000 元；26 000 元以上。

从图 1-3 可以看出，受访村民年可支配收入在 10 000 元以下的占 11%，10 000—18 000 元的占 14%，18 000—26 000 元的占 39%，26 000 元以上的占 36%。其中，年可支配收入在 18 000 元以上的受访村民占 75%。

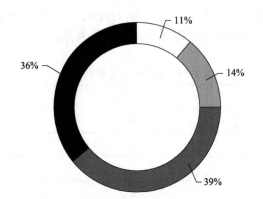

□ 10 000 元以下 ▨ 10 000—18 000 元 ▥ 18 000—26 000 元 ■ 26 000 元以上

图 1-3　受访村民年可支配收入

6. 外出务工人数的调查

外出务工人数调查主要是针对新农村建设以来家里外出打工的人数，分为 0 人、1—3 人、3—5 人、6 人及以上四个等级，见图 1-4。

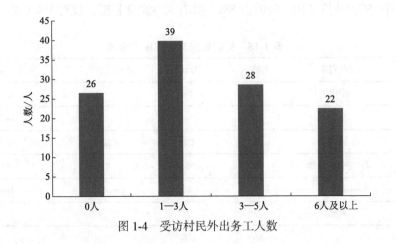

图 1-4　受访村民外出务工人数

调查小组在样本村庄的调查过程中了解到，外出务工人员主要在县城或省城务工。新农村建设期间，修水县推出多项政策鼓励居民返乡创业，2015—2018 年村内出现劳动力小幅度回流态势。

三个样本村庄的外出务工人数存在显著差异（χ^2=15.022，$p<0.05$）。其中，箬竹村外出务工人数的占比最高，达到 93.1%，朱砂村和汤桥村外出务工人数的占比分别为 66.7%和 63.6%（表 1-16）。

表 1-16　样本村庄外出务工人数比较

外出务工人数	朱砂村/%	汤桥村/%	箬竹村/%	χ^2	p（双尾）
0 人	33.3	36.4	6.9		
1—5 人	63.9	63.6	75.9	15.022	0.005
6 人及以上	2.8	0	17.2		

7. 农宅面积调查

根据问卷采集的农宅面积数据,将受访村民农宅面积分为 119 平方米及以下、120—179 平方米、180—239 平方米、240 平方米及以上（图 1-5）。其中,农宅面积占比最高的是 120—179 平方米,为 68%;其次是 119 平方米及以下,占比为 24%;180—239 平方米和 240 平方米及以上的占比分别为 5% 和 3%。

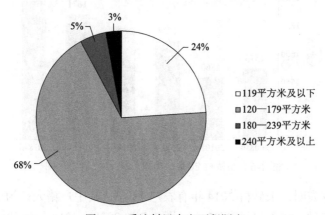

图 1-5　受访村民农宅面积调查

调查小组在朱砂村调查时,发现当地政府为保护古村落传统风貌环境,划定了古村建筑控制地带,禁止在古村范围内新建民居,许多村民将新建宅基地的位置选在古村附近的朱砂新村。古村的居民住宅多为老宅,老宅的占地面积平均在 160 平方米。

第三节　调查内容

本次调查主要对三个样本村庄的村庄基本情况及变化状况、村庄规划、基础设施建设、绿地景观等内容进行调查。

一、样本村庄基本情况及变化状况调查

（一）人口规模

对调查问卷数据进行统计后，发现三个样本村庄的人口规模差异较大。2018年，朱砂村与箬竹村的户籍人口数分别为 352 人和 300 人，汤桥村的户籍人口数为 1695 人，为朱砂村和箬竹村人数的 4.82 倍和 5.65 倍。

统计数据表明，汤桥村共计 12 个村民小组，361 户农户。2008 年，该村共计1576 人；2010 年，由于村内进城务工人数增多，村内人口出现小幅度下降；2012年之后，该村人口呈稳定增长趋势。总体来看，十年来汤桥村人口增长趋势较为稳定（图 1-6）。

图 1-6 汤桥村 2008—2018 年人口数量变化图

统计数据表明，朱砂村 2014 年有农户 78 户，其中户籍人口为 348 人，但实地调查发现该村常住人口只有 82 人。图 1-7 为 2008—2018 年朱砂村户籍人口数

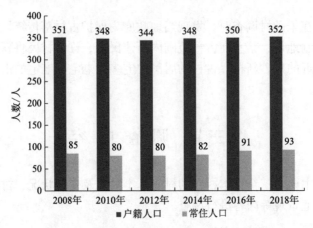

图 1-7 朱砂村 2008—2018 年人口数量对比图

与常住人口数对比图。从中可以看出，朱砂村十年来户籍人口数一直高于常住人口数，说明该村人口流动性较大。

箬竹村分为郑家（崴里）和张家两个居民点。2018年的调查数据显示，该村户籍人口300人，其中常住人口为47人。从图1-8中可以看出，箬竹村户籍人口数与常住人口数均呈下降趋势。村内大部分青中年劳动力人口进城务工，"空心村"现象严重。

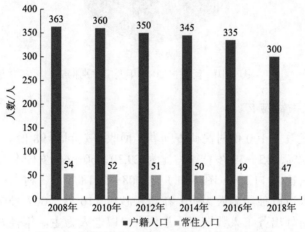

图 1-8 箬竹村 2008—2018 年人口数量对比图

（二）人口结构

在性别构成上，三个样本村庄的男女总人数较为接近。以汤桥村为例，对比该村2008年和2018年的人口性别结构变化状况（图1-9、图1-10）。2008年，汤桥村男性村民占比为51.15%，女性村民占比为48.85%。2018年，汤桥村男性村民占比为51.33%，女性村民占比为48.67%。由此可以看出，汤桥村的人口性别比例较稳定。

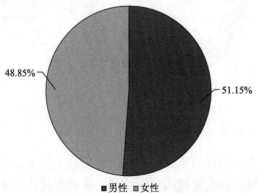

图 1-9 汤桥村 2008 年人口性别构成

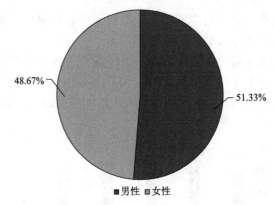

图 1-10　汤桥村 2018 年人口性别构成

48.67%　51.33%

■男性 ■女性

（三）农户年龄结构

调查小组发放了 100 份村民调查问卷，回收有效问卷 98 份。其中 20—44 岁样本占比为 21.4%，45—59 岁样本占比为 29.30；60—69 岁样本占比为 38%；70 岁及以上样本占比为 11.3%（图 1-11）。2008—2018 年，古村人口空心化现象严重，村庄常住人口以独居老人为主。在对朱砂村 110 号、007 号住户进行访谈时了解到，朱砂村外出务工人数较多，常住人口以老人为主。年轻夫妇在生育小孩后，往往是女性在家照看孩子，男性外出打工。孩子到上学年龄时，在村中小学就读，或者跟随父母到外地就读。

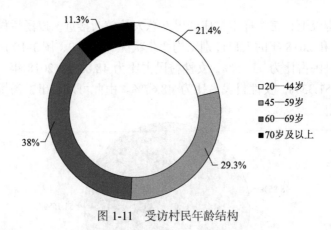

□20—44岁
■45—59岁
■60—69岁
■70岁及以上

11.3%　21.4%　38%　29.3%

图 1-11　受访村民年龄结构

（四）农户职业状况

对回收问卷数据进行统计后，发现受访村民的工作主要有务工、务农、个体户、教师等。根据问卷回收数据的实际情况，受调查村民的职业如图 1-12 所示。

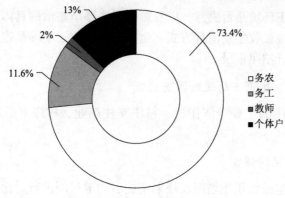

图 1-12　受访村民职业分布图

（五）经济状况

2008 年，修水县开始实施新农村建设，箔竹村的经济来源主要依赖农业、种植业。2008—2012 年，村庄规划建设的投资经费主要依靠县政府扶持。2013—2018年，三个样本村庄相继开始实施村庄旅游规划。旅游规划提出，加强第三产业发展，通过依靠旅游业、企业税收为村庄拓宽收入渠道，解决部分资金问题。2008—2015 年，全村第一产业的增长率为 7%，第三产业的增长率为 12.2%。

2018 年，箔竹村受访村民的人均月收入为 1500 元，朱砂村受访村民的人均月收入为 2000 元，汤桥村受访村民的人均月收入为 1791.4 元。与 2008 年相比，三个样本村庄村民的人均月收入增长了 16.75%。

二、村庄规划

三个样本村庄均编制了村庄建设规划导则。其中最早的是朱砂村，于 2006年编制了《朱砂村新农村建设规划》《朱砂村中国传统村落保护规划》，确定未来十年村庄的主要产业为第一产业及第三产业，并对村庄用地进行了全面规划。汤桥村于 2007 年编制了《修水县黄沙镇汤桥村中心村建设规划》，箔竹村在新农村建设期间编制了《修水箔竹景区旅游发展规划（2016—2030）》《箔竹村中国传统村落保护规划》。

对比三个样本村庄的村庄建设规划、产业分布规划及发展方向，对已经实施的规划内容进行问卷调查、访谈调查。

1. 村庄环境整治调查

第一，调查样本村庄是否有环境整治基础，若没有整治基础，参考村庄环境整治文本进行实施。第二，对比样本村庄环境整治前后的变化情况，结合问卷数据了解村民对村庄环境是否满意,以及影响村庄环境整治的具体因素。第三,重点调查样本村庄垃圾收集及清理方式、生活污水排放、乱堆乱建等状况,调查小组对重点部分进行拍照记录。

2. 村庄生活、生产布局规划调查

调查样本村庄的主要经济作物、村庄支柱产业、村庄未来规划中的产业转型方向。

3. 村庄用地规划调查

对样本村庄建设面积规划图及规划实施后的卫星图进行对比。

4. 样本村庄村域范围内用地状况

调查箬竹村、朱砂村的村庄用地现状(表1-17、表1-18)。

表1-17 2018年箬竹村的村庄用地汇总表

项目	用地性质	面积/公顷	用地比例/%
村庄建设用地	村民住宅用地	2.05	10.36
	村庄公共服务设施用地	0.08	
	村庄道路用地	0.52	
非建设用地	水域	1.59	6.21
	农林用地	21.35	83.43
	总计	25.59	100

资料来源:《修水箬竹景区旅游发展规划(2016-2030)》

表1-18 2018年朱砂村建设用地汇总表

序号		用地性质	面积/公顷	用地占比/%
1		居住用地	2.7	80.83
	其中	一类居住用地	2.7	
2		公共设施用地	0.16	4.78
	其中	教育机构用地	0.16	
3		道路广场用地	0.48	14.37
	其中	教育机构用地	0.16	
4		工程设施用地	0.0006	0.02
	其中	环卫设施用地	0.0006	

续表

序号	用地性质		面积/公顷	用地占比/%
5	建设用地		3.34	100
6	非建设用地		10.26	
	其中	水域	0.95	
		农林用地	9.31	

资料来源：《朱砂村新农村建设规划》

由于实际条件及资料的限制，调查小组只统计了 2018 年箔竹村和朱砂村的建设用地情况。新农村建设期间，两个样本村庄的土地利用状况主要存在以下几个问题。

1）用地功能较为单一，规划的生活配套设施未能落实。

2）箔竹村的公共服务设施占地面积仅为 0.08 公顷，朱砂村的仅为 0.16 公顷，远不能满足村民日常生活需要。

3）箔竹村的住宅用地占总建设用地的 77.36%，朱砂村的住宅用地占总建设用地的 80.83%。由此可见，两个样本村庄的建设用地均以住宅用地为主。

三、基础设施建设

通过调查问卷及访谈了解新农村建设过程中样本村庄的基础设施建设状况，包括能源使用状况、电力电信使用状况、给排水状况及道路交通状况等。

1. 能源使用状况

重点调查样本村庄日常能源的使用状况，以及能源是否满足村民日常需要。三个样本村均无燃气供应设施，燃料以柴草和煤炭为主。

2. 电力电信使用状况

三个样本村庄均有 220 伏电力线牵引入村，本次调查着重对规划范围村域内电力使用状况及电力供应稳定状况进行调查。结果发现，三个样本村庄在新农村建设过程中均安装了电信电缆、配电线路等设备，电力供应较为稳定，少有停电现象。但村庄的电视信号不稳定、电话信号较弱的现象依然存在。

3. 给排水状况

新农村建设开始前，三个样本村庄的生活用水大多依靠古村山坡上村民自筹资金建造的高位水池。其中，汤桥村水源来自农户自打井和高山泉水。箔竹村水源来自周边山体的山泉水。朱砂村水源有两个:一个是乾隆年间挖掘的舍背井;另一个是先人留下的石砌河道。本次调查主要了解样本村庄新农村建设过程中村内生活用水状况有无发生改变、村域内有无通自来水,以及自来水供应是否稳定。

4. 道路交通状况

传统村落因建设年代久远,村内道路多为砂石路、土路,影响村民的日常出行。村庄主干道的宽度大多无法满足机动车出入的条件,如出入箔竹村需要经过一条盘山路,该道路主要由泥土与砂石混合而成,路面不平整,时有机动车在该路段发生溜车。朱砂村现存道路窄,仅限一辆车通过,无法实现会车。

四、绿地景观

传统村落的绿地景观规划应充分结合古村落自然生态环境和地域种植习惯。通过调查村民对新农村建设过程中村庄绿化景观的满意度,来了解村庄的绿地景观现状,主要包括以下几个方面。

1. 游园景观

游园景观是指在进村庄的主干道两侧设置开放式绿化景观,以及村广场周围布置的与古村文化相关的雕塑及标志物。

2. 院落绿化

院落绿化指村民对自家庭院内部的绿化。

3. 滨水生态绿化

箔竹村和朱砂村有河道、古桥此类滨水景观,两侧河岸在绿化过程中存在水土流失隐患。因此,在规划过程中应考虑实施护岸工程,种植适合该区域的植被,构建滨水生态景观与生态安全屏障。

调查过程中发现样本村庄有大量古树名木,如朱砂村有红豆杉、石楠、古樟、古柏、香柏等共27棵,箔竹村有古松、古樟等共13棵。在新农村建设过程中如何对古树名木进行保护规划,也是本书调查的内容之一。

4. 村口景观

样本村庄部分村口景观仍在建设中,图1-13、图1-14为调查小组前往朱砂村、汤桥村调查时拍摄的村口景观现状。

图 1-13　朱砂村村口

图 1-14　汤桥村村口

第四节　村庄布局调查对比分析

一、箔竹村村庄布局更迭

　　箔竹村张家、郑家的布局均以宗祠为核心向外拓展，村落建设演变过程如图 1-15 所示。村落建筑为独栋式，厅堂位于建筑的中间位置，体现了箔竹村家族群居的生活文化特征。

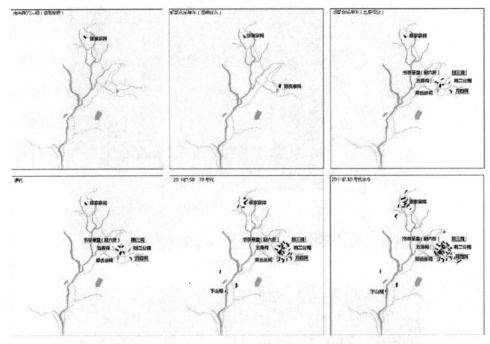

图 1-15　箔竹村村落形态演变示意图

资料来源：《箔竹村中国传统村落保护规划》

在图 1-16 中，左图是箔竹村的建设规划布局图，右图是谷歌卫星地图上箔竹村布局现状。

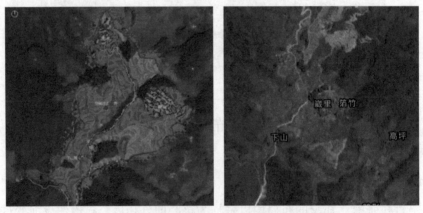

图 1-16　箔竹传统村落规划图与卫星图像对比图

资料来源：《箔竹村中国传统村落保护规划》

根据箔竹村总规划图与卫星图可以发现，箔竹村的村落形态呈团块状分布。

二、朱砂村村落布局形态

朱砂村村落布局根据河流走向向上、下游拓展，聚落建设演变过程如图 1-17 所示。村落建筑为独栋院落式，体现了朱砂村家族群居的生活文化特征。

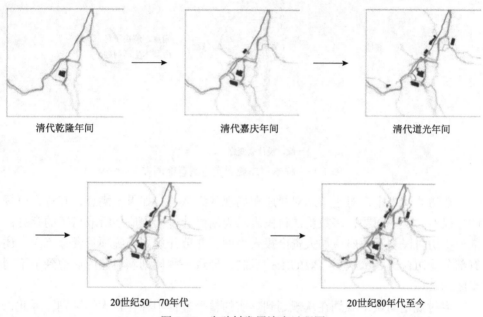

清代乾隆年间　　　　　　清代嘉庆年间　　　　　　清代道光年间

20世纪50—70年代　　　　　　　　　　20世纪80年代至今

图 1-17　朱砂村发展演变过程图

资料来源：《朱砂村中国传统村落保护规划》

从朱砂村的村落发展演变过程来看，朱砂村从清代乾隆年间至今均是沿朱砂河流域呈条带状分布的。20 世纪 80 年代至今，朱砂村依然延续以朱砂河自南向北贯穿整个村庄的布局方式。

三、汤桥村布局规划调查

三个样本村庄规划的实施满意度调查如图 1-18 所示。

从 98 份村民调查问卷来看，38%的村民对村庄规划的实施基本满意，认为规划的实施解决了村民的基本生活问题；33%的村民表示很满意，认为规划的实施显著提高了村民生活质量；26%的村民表示一般，认为规划实施前后生活没什么变化；3%的村民选择其他选项，根据访谈记录，村民表示规划内容不合理，不能满足村民日常需要。

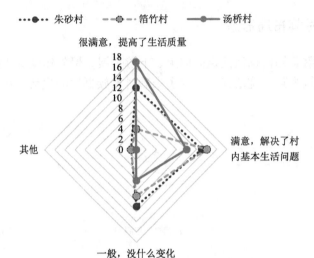

图 1-18 样本村庄规划实施满意度调查

在访谈调查中，对于"您对村庄布局现状满意吗？如果不满意，有什么更好的建议？"这一问题，多数受访村民表示规划设计过程中应多听取村民的意见；部分受访村民表示政府应加大资金投入力度，并公开规划实施项目资金流向；还有部分受访村民表示缺少有效的维护机制，导致一些规划项目建成后遭到了不同程度的破坏。

乡村规划与城市规划在从规划到落实的整个过程中存在较大的区别，因此，不能生搬硬套城市的处理方法来解决农村的问题，而是要循序渐进地进行，将规划的引导作用与农民的理性需求相结合。

四、村庄公共服务设施分布

样本村庄公共服务设施一般包括以当地村委会为代表的行政管理用房，以图书室、活动室为代表的综合服务用房，并成为村中最重要的公共场所。此外，健身场地及健身设施也为村民提供了活动场所。一些村民自营的小卖部、棋牌室等也是村民生活中较为重要的活动场所，此类自发形成的公共场所为提升村庄活力起到了积极作用。

在空间分布上，主要公共服务设施集中在中心村、行政村。未来可根据村民需求，适当为自然村改建公共活动用房，如利用闲置的礼堂、学校等建设公共活动用房，满足村民日常需要。

1. 箬竹村

箬竹村地理位置较为偏远，新农村建设过程中公共服务设施从规划到实施的过程较为漫长。在三个样本村庄中，箬竹村公共服务设施的发展基础最为薄弱，村民对村内公共服务设施满意度整体较低。

箬竹村规划的公共服务用地为0.08公顷，分别包括以宗教功能为主的下山殿、以服务功能为主的旅游接待中心和以展示功能为主的农耕展览馆。为了满足游客交通换乘、出入的需要，沿主要道路新增了3处必要的游览车停靠点，共计180平方米。[①]

2. 朱砂村

针对问卷中"村里有村民活动室吗？"的问题，40%的受访村民选择"有，没用过"；23%的受访村民选择"有，经常去"；31%的受访村民选择"没有"；6%的受访村民选择"规划文本上有，但没有建成"（图1-19）。

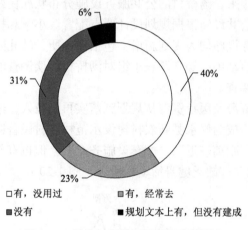

□ 有，没用过　　　　■ 有，经常去
■ 没有　　　　　　　■ 规划文本上有，但没有建成

图1-19　样本村庄村民活动室实施调查

根据访谈调查，受访村民普遍认为村内公共设施的缺乏主要表现在以下几点：第一，规划的医疗点迟迟未能建成；第二，教育机构用地不足，如朱砂小学和幼儿园用地不足；第三，村内道路多为砂石路，道路硬化工作未能到位，阻碍了当地旅游业的发展，社会停车场、消防通道依旧在规划过程中，还未落实。

朱砂村的公共设施用地主要有教育机构用地、文体科技用地、商业金融用地和服务设施用地。

（1）教育机构用地

在朱砂村设立行政小学、幼儿园以解决村庄学生上学难的问题，建议以通勤校车的形式解决上学的交通问题。

_____

① 九江市城市规划市政设计院. 箬竹村中国传统村落保护规划说明[Z]. 2017：1-7.

（2）文体科技用地

文体科技用地指已登记的、尚未核定公布为文物保护单位的不可移动文物、符合历史建筑认定标准但尚未被列为历史建筑的6栋古建筑。

（3）商业金融用地

将洋屋里东侧居住用地调整为商业服务用地，集合邮政代办点、商业服务点等设施。

（4）服务设施用地

古村入口处两侧已建成停车场、咨询服务点和两处公共厕所，规划建设三处民俗旅店。

3. 汤桥村

新农村建设十年来，汤桥村的公共服务设施分布状况良好，村南公共服务设施配套齐全，村属公共设施根据规划设计要点配置。小学和村委会在现有基础上进行调整，其他服务设施均为规划新增，包括储蓄所、幼儿园、卫生站、肉菜市场、敬老院、文体活动中心等。调查小组对汤桥村访谈调查的重点是，村民关于新农村建设的意愿调查。

汤桥村的教育资源及医疗资源从规划到落实再到投入，经历了十年的建设发展，如今汤桥村已经成为修水县新农村建设示范村。村民普遍认为，村内的公共服务设施"方便""距离较近""配套设施齐全"。但也有部分村民认为，村内"缺乏公共活动空间""缺乏健身活动场所"（图1-20）。

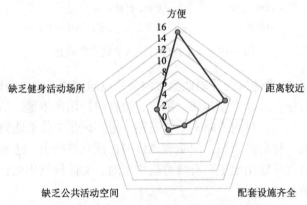

图1-20　汤桥村公共服务设施建设的满意度调查

在问卷调查中，15位受访村民表示满意现有的基础设施；9位受访村民表示村内公共服务设施距离较近，使用方便；7位受访村民表示村内缺乏健身活动场所和公共活动空间。在调查员进行访谈时，村民表示希望再建设一个村民活动广场，以更好地满足村民的休闲活动需求。

新农村建设十年来，村民对村庄建设满意度较高的原因有以下几点：第一，汤桥村在规划过程中注重引导村民集中居住，规划建设汤桥移民安置点，鼓励村民迁往安置点居住，以保护传统村落历史风貌；第二，对村民集中安置区域进行整体规划建设，以使村民能够共享新农村建设的成果；第三，采用公开、透明的项目招标方式，制定完善的投入机制，保证合理的财政支出；第四，充分了解村民的意愿，结合村民需要进行公共设施建设。

第五节　基于问卷调查的村庄环境调查分析

一、村庄环境调查数据分布

调查小组在驻村调查期间了解到，新农村建设十年来，朱砂村及汤桥村均进行过环境整治，且效果较为明显；箔竹村虽然也进行过环境整治，但由于持续时间较短且缺乏长效的管理机制，收效甚微。

从图 1-21 中可以看出，汤桥村村民对村庄环境整治满意度相对较高，受访村民普遍反映村庄会定期进行环境整治，村内公共环境质量相较十年前有较大提升；部分沿街店铺受访村民反映禽类散养会影响村内环境，建议集中规划禽类养殖空间，避免破坏村内公共环境。

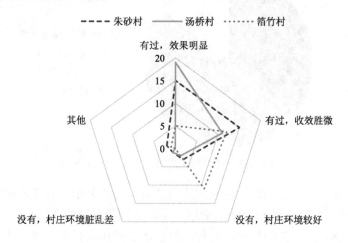

图 1-21　样本村庄环境整治效果村民调查

如图 1-22 所示，在村庄公共绿化满意度调查中，汤桥村村民的非常满意值最高，没有居民对村庄公共绿化环境持非常不满意态度。箔竹村村民的满意值最低，持非常满意和非常不满意态度的各 1 人。朱砂村村民的主要态度为比较满意，在对朱砂村村民进行深入访谈中发现，朱砂村落广场、晒谷场等公共区域以硬化铺装为主，公共绿化面积较小。

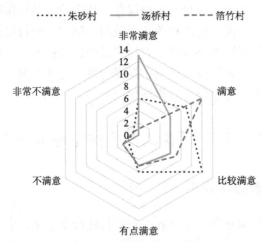

图 1-22 村庄公共绿化满意度调查

1. 清洁费用承受度调查

调查问卷针对"村庄清洁费用承受度"进行了调查，结果如图 1-23 所示。

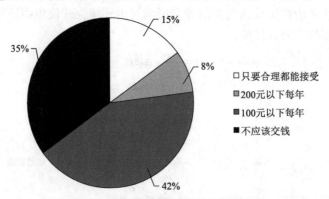

图 1-23 样本村庄清洁费用承受度调查

三个样本村庄中，汤桥村针对村庄清洁费进行了公示，并规定规划区域内每户农宅每年征收 72 元的村庄清洁费用，沿街店铺每月征收 12 元，一年总计 144 元的村庄清洁费用。朱砂村和箬竹村的村庄清洁费用由村委会统一拨款，全村每年支付 6000—8000 元保洁费用，村民则不单独缴纳清洁费用。

从图 1-23 可以看出，认为村庄清洁费"100 元以下每年"的村民最多，占 42%；其次为"不应该交钱"的村民，占 35%，他们表示村内清洁费用应该由政府承担，不应由村民承担；15% 的受访村民表示村庄清洁费"只要合理都能接受"，并理解支持收取清洁费用这一做法；仅 8% 的受访村民表示"200 元以下每年"的村庄清洁费是可以接受的，认为这可以改善村庄环境卫生状况。

2. 住房外观满意度调查

调查小组对新农村规划之后的农村住房外观满意度进行了调查，具体情况如表 1-19 所示。

表 1-19 新农村建设住房外观调查统计表

名称	有无进行住房外观规划	村民满意度
箬竹村	无	无
朱砂村	有	75%满意，25%不满意
汤桥村	有	85%满意，15%不满意

在三个样本村庄中，箬竹村由于多种原因，村庄住房外观没有进行过统一规划。朱砂村大部分受访村民（75%）对规划后的住房外观满意，但也有 25%的受访村民表示不满意规划后的住房外观。汤桥村 85%的受访村民表示对规划后的住房外观满意，15%受访村民表示对规划后的住房外观不满意。

二、受访村庄规划实施状况调查分析

从表 1-20 中可见，三个样本村庄村民在村庄规划的满意度上无显著差异（$\chi^2=7.634$，$p>0.05$）。汤桥村 48.5%的村民对实施的村庄规划很满意，表示提升了他们的生活质量。朱砂村 33.3%的村民很满意村庄规划。箬竹村仅有 17.3%的居民对村庄规划表示很满意，31.0%的村民表示村庄没有发生什么变化。

表 1-20 村庄规划实施满意度调查表

您对所在村庄实施规划的满意度如何	朱砂村/%	汤桥村/%	箬竹村/%	χ^2	p（双尾）
很满意，提高了村民生活质量	33.3	48.5	17.3		
满意，解决了村民生活问题	36.1	33.3	48.3	7.634	0.266
一般，没什么变化	27.8	18.2	31.0		
其他	2.8	0	3.4		

三、村庄环境卫生设施

（一）村庄环境认知调查

如图 1-24 所示，79%的村民认为当前的村庄环境整洁，18%的村民认为村庄环境不整洁,3%的村民认为村庄环境还是脏乱差。

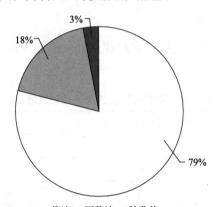

图 1-24 新农村建设村庄环境认知调查

☐整洁 ☐不整洁 ■脏乱差

从表 1-21 中可以看出,三个样本村庄的环境没有显著差异(χ^2=3.685,p > 0.05)。而且,三个样本村庄均有超过 75% 的居民认为村庄环境整洁了,仅有 3% 左右的居民认为村庄环境还是脏乱差。

表 1-21 村庄受访村民对村内环境的评价比较表

您认为现在村内环境如何	朱砂村/%	汤桥村/%	箭竹村/%	χ^2	p(双尾)
整洁	83.3	75.8	75.9		
不整洁	13.9	21.2	20.7	3.685	0.719
脏乱差	2.8	3.0	3.4		

(二)生活污水排放调查

如表 1-22 所示,样本村庄生活污水排放方式存在显著差异(χ^2=25.886,p<0.05)。

表 1-22 样本村庄生活污水排放方式调查表

您所在村庄生活污水排放方式	朱砂村/%	汤桥村/%	箭竹村/%	χ^2	p(双尾)
随意排放	61.1	21.2	17.2		
排入管道	27.8	39.4	24.1		
排入沟渠	11.1	33.3	55.2	25.886	0.001
其他	0	6.1	3.4		

在"您所在村庄生活污水排放方式"的调查中(图 1-25),朱砂村村民选择

"排入沟渠"的人数较多,原因在于该村在新农村建设期间对农户进行过改水改厕,对原本使用的旱厕进行了改造或拆除,规划区域内采用雨污分流方式,其中雨水通过明沟、涵洞就近排入农田、河流。

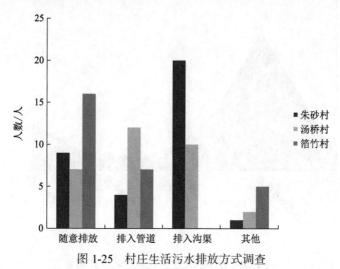

图 1-25 村庄生活污水排放方式调查

汤桥村的生活污水以排入管道和排入沟渠为主,该村十年前尚未形成统一的排水系统。新农村建设以来,206 县道两侧设置了明暗沟渠排水,且加装了雨水算子,沿道路收集村庄的雨水排入低洼处,但未设排水沟地带,污水沿房屋边沟就地势散排至低洼处。村民反映村庄的给排水设施不完善,无污水处理设施,影响村庄环境和村民身心健康。新农村建设期间,该村对村庄的给排水进行了重新规划,采用雨污合流排水体制,村内生活污水经沼气池初步处理后由排水暗管排入排水暗渠,统一送至三格化污水湿地处理,最后排入自然水体安候河。规划后,村庄给排水管道能够满足本村居民日常使用。[①]

箬竹村的生活污水仍主要使用随意排放方式,由于该村居住人口不多,生活污水的主要排放源为旅游公厕及农家乐,而这两处污水主要使用村中配备过滤沉淀设备的沼气池进行集中处理。

(三)生活垃圾处理方式调查

在样本村庄中,朱砂村和汤桥村的生活垃圾处理方式主要为"垃圾清理车运走""有固定收集点"。在访谈中,关于"相比十年前,您觉得村内生活垃圾、污水处理、乱堆乱建等状况是否有所改善?"的问题,大部分受访村民表示较为

---

① 云南开发设计研究院,江西达辉建筑规划有限公司. 修水县黄沙镇汤桥村中心村建设规划[Z]. 2014:6-17.

满意，愿意使用村委规划引导的处理垃圾、污水的方式，并表示由于垃圾处理方式的规范化，村内环境得到了改善（图1-26）。

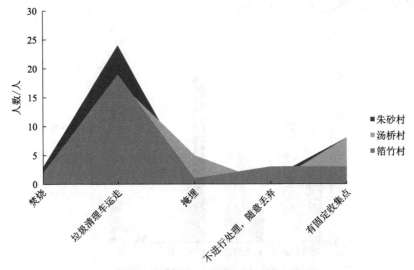

图1-26 样本村庄生活垃圾处理方式调查

新农村建设前五年，箬竹村以设置垃圾固定收集点的方式处理生活垃圾，据调查小组的访谈记录，从2015年开始，箬竹村的生活垃圾改由垃圾清运车集中运至黄沙镇垃圾运转中心进行处理。该村受访村民希望能够多增设垃圾固定收集点，并聘请村民担任垃圾清运工，费用由村集体承担。

第六节 村庄基础设施建设调查研究

三个样本村庄的供水、供电、垃圾环卫设施覆盖率和有线电视入户率均达到80%以上，排水管网和污水处理设施的覆盖率分别达到65%和55%以上，道路硬化率达到85%以上。

一、能源利用

在能源利用方式上，普通燃气和太阳能热水器的入户率较高，沼气的利用户数有限，个别村庄已经开始试点，并计划未来逐步推广使用。

（一）村庄主要生活能源调查

根据问卷调查和访谈，三个样本村庄村民日常生活能源主要以电、煤气及农作物秸秆（柴火）为主。受访村民表示日常也会用柴火做饭，但相比十年前生火做饭的频率减少了。其中 60 岁以上的村民仍习惯使用柴火，青年、中年村民更倾向于使用电、煤气、沼气等生活能源。

（二）村庄生活用水来源调查

三个样本村庄中，村民生活用水的主要来源为自来水、集体打井、自打井。根据实际情况，问卷对此项的调查采用了多选题形式。

三个样本村庄在新农村建设期间都铺设了自来水管道，来保证村民日常用水需求。根据问卷调查结果，有 73% 的村民只使用自来水作为日常供水来源，使用集体用井、自打井的村民各占 10%，6% 的村民同时使用自来水和集体用井的水源，仅有 1% 的村民同时使用自来水和自打井（图 1-27）。

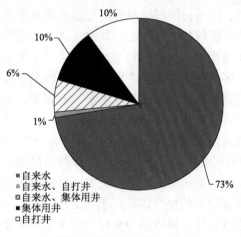

图 1-27 受访村民水源使用情况

在访谈过程中，村民表示自来水总体来说可以保证日常使用，但是当遇到持续降雨等恶劣天气时，村内的自来水会出现停水、水质浑浊等状况，因此，为保证水质和供水稳定，村民共同出资建设了集体用井。受访村民表示，集体用井的水质及水压可以得到保证，全年均能正常供水。

二、道路交通规划

三个样本村庄均进行过道路交通规划，村内部道路硬化状况基本良好，本次问卷调查的重点是村民外出是否方便及外出使用的交通工具（图 1-28）。

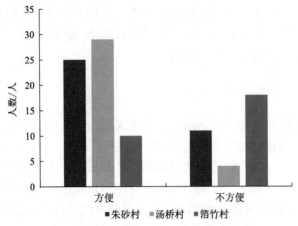

图 1-28 受访村民外出交通是否方便

三个样本村庄中，汤桥村的村民对外出交通的满意度最高。首先，汤桥村地处修万线沿线，带动了该村的交通发展；其次，该村的道路硬化及道路规划符合该村的发展进程。在访谈中，当被问到"新农村建设十年来，您觉得比较成功的地方在哪里？"时，多数村民表示村庄道路状况有较大改善，新农村建设前，汤桥村主路尚未进行道路硬化，且路面高低不平，而如今，道路交通规划项目实施后，村内交通便利了，且有班车直达修水县城。

在外出交通是否方便的调查中，朱砂村选择"方便"的受访村民为 25 人，选择"不方便"的受访村民为 11 人。总体来看，该村村民对交通现状的满意度低于汤桥村。根据访谈结果，该村道路交通系统发展缓慢的原因有以下几点：第一，该村依然保留并沿用着原来的交通体系，道路较为狭窄，不利于车辆出入。第二，村庄道路规划尚未建设到位。朱砂路为全村贯穿南北的交通要道，与居民宅院间曲折蜿蜒的小路相互连接，步行通达性较好，但路面平整度较差，2017 年，村委会计划投入资金修整朱砂路，在原本沙土路的基础上铺设石板路，来提高路面质量。第三，受访村民普遍表示，从村子到修水县城需要步行 2—3 公里至朱砂新村乘坐班车，因此乘坐公共交通外出不是很便捷。

在该项调查中，箬竹村有 64.3%（18 人）的村民表示"不方便"，主要原因与朱砂村村民的观点一致，集中在道路不利于车辆进出、道路规划不到位、公共交通不便捷等方面。

三、给水工程规划

如图 1-29 所示，样本村庄的自来水入户率达到 92%，尚未通自来水的住户占 8%，这表明样本村庄自来水入户比例较高。

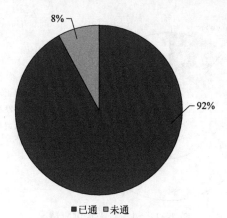

图 1-29 村庄通自来水情况

　　如图 1-30 所示,针对"村庄自来水供应系统是什么?"的问题,选择"本村统一供应"的村民最多,受访村民表示自家用水普遍为"本村统一供应"的,因为使用方便,可供日常使用。其次是"其他"选项,因为当出现极端气候时,自来水的水质会有所下降,水体变得较为浑浊,影响村民日常使用。此时村民会将集体用井或自打井作为备用水源,集体打井经费由几户使用井水的村民分摊。选择"乡镇统一供应"的村民所占比例较低,只有 4%。

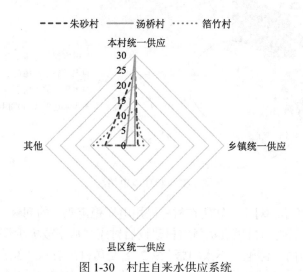

图 1-30 村庄自来水供应系统

　　如图 1-31 所示,针对"村庄自来水供应情况如何?"的问题,受访村民选择"全年正常供水"的比例较高,达到 89%;选择"经常停水"的占比为 4%;选择"每天定时供水"的为 6%;选择"其他"的为 1%。

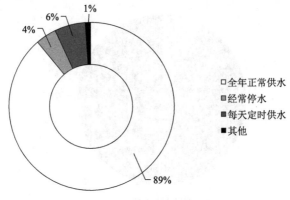

图 1-31 村庄自来水供应情况

四、电力电信工程

如图 1-32 所示，受访村民认为"很方便，电压稳定"的比例较高，达到 55%；选择"电压偶尔不稳定"的村民比例为 28%；选择"电压常常不稳定"和"还未通电"的村民分别为 17% 和 0。村民表示，村里日常供电正常，只有遇到刮风下雨或其他强对流天气时，才会出现停电或电压不稳的状况。

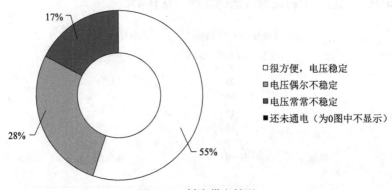

图 1-32 村庄供电情况

如图 1-33 所示，对于"您所在村庄民用电压稳定吗"的问题。朱砂村受访村民共 36 名，21 名受访村民表示新农村建设后村庄"从不或极少停电"；13 名受访村民表示"有时会停电，不太频繁"；2 名受访村民表示"经常停电，停电有通知"。汤桥村受访村民共 33 名，12 名村民表示新农村建设后村庄"从不或极少停电"；17 名受访村民表示"有时会停电，不太频繁"；表示村庄"经常停电，停电有通知"和"经常停电，停电不通知"的村民各 2 名。箬竹村村庄供电情况与汤桥村类似，主要集中在"有时会停电，不太频繁"（15 名）；6 名村民表示"从不或极少停电"；表示村庄"经常停电，停电有通知"和"经常停电，停电不通知"的村民各 4 名。在访谈过程中，部分受访村民表示在非极端恶劣天气的情况下，新农村建设后的供电线路可以保障村民日常用电需求。

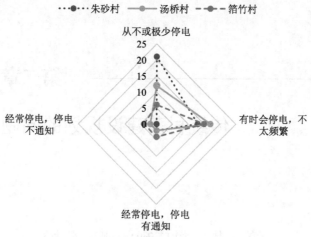

图 1-33　村庄民用电压稳定情况

如图 1-34 所示，对于"您所在村庄电视、电话信号质量如何"的问题，49% 的受访村民认同规划后的电视、电话信号"非常好，信号通畅"；认为"一般，有时信号不佳"的受访村民比例次之，为 40%；选择"信号差，基本收不到"和"勉强能使用"的均较低，分别为 4% 和 7%。

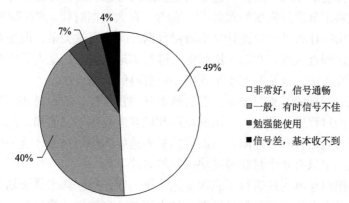

图 1-34　村庄电视、电话信号质量调查

具体到受访村庄，2019 年朱砂村建有电信、联通信号塔，尚未连入移动信号。现如今，朱砂村已建设移动信号塔，信号已覆盖全村，实现三网全通。箬竹村于 2010 年于西北侧眉毛山山顶设有移动通信基站，村内 4G 网络已全部覆盖，尚未覆盖宽带有线电视网络。2014 年，汤桥村接入通信光纤，宽带已经覆盖全村，新农村建设十年间村内电视接收覆盖率达到 95%。

———— 第二章 ————

传统村落建设规划的问题

第一节　村庄现状概况分析

一、村落选择

"为了对人们的生活进行深入细致的研究,研究人员有必要把自己的调查限定在一个小的社会单元内来进行。这是出于实际的考虑。调查者必须容易接近被调查者以便能够亲自进行密切的观察。"[①]如今,在大数据时代、"互联网+"时代,我们能够使用统计软件轻松地计算出海量数据之间的变量关系,但是对于乡土调查,需要划定调查区域,并深入田间地头进行实地调查,这是人类学与社会学领域最好的研究方法,也是调查小组获得一手资料的最佳方法。

本次调查选择的调查对象是江西省修水县的箔竹村、朱砂村和汤桥村。在前期资料收集的过程中了解到, "国家住房和城乡建设部下发通知,江西修水县黄沙镇岭斜箔竹自然村和下高丽内石陂自然村入选中国传统村落,这是修水县仅有的2个,九江市只有4个村获得这块国字号名片"[②]。

调查小组对样本村庄进行了三次筛选:第一次,根据修水县规划部门提供的相关资料,结合卫星图像和村域地图,选出了7个自然村;第二次,经过调查小组成员的讨论以及与地方政府的进一步沟通和预调查,遴选出5个新农村建设10周年及以上的村落;第三次,根据实际调查工作的情况进行删除、替补,最终确定了3个样本村庄、2个备选村庄(表2-1)。其中,之所以将杭口镇茅坪村和白

[①] 费孝通. 江村经济——中国农民的生活[M]. 北京: 商务印书馆, 2001: 71.

[②] 修水县黄沙镇两个自然村入选中国传统村落[EB/OL]. https://jj.jxnews.com.cn/system/2016/11/21/015402948.shtml.

岭镇万家山村列为备选村落，是因为这两个村庄均为自然村而非传统村落，且两个村庄能收集到的文本资料和规划编制资料有限。

表 2-1　修水县样本村庄类型统计分析表

区域	村庄	规划属性				村落布局		
		江南丘陵	江南平原	规划布点	非规划布点	团块状	条带状	散漫状
黄沙镇	01 箔竹	√		√				√
黄坳乡	02 朱砂		√	√				√
黄沙镇	03 汤桥	√		√				√
杭口镇	04 茅坪	√		√				√
白岭镇	05 万家山	√			√			√

二、箔竹村

（一）箔竹村的规划建设概况

箔竹村新农村建设概况如表 2-2 所示。箔竹村分为两个部分，分别是张家和郑家，总面积为 5.1 平方公里，箔竹村发展距今已有 600 多年历史。该村是黄沙镇最具代表性的传统村落，村落布局保存较为完整，新农村建设开始时间符合本次调查样本村庄的基本要求。但调查小组在实地调查中发现，该村所处位置较为偏远，交通容易因山体滑坡、泥石流等自然灾害而阻断，再加上从 2010 年开始大量村民进城务工，人员流失较为严重，因此新农村建设十年来，该村仍有需要改进的地方。

表 2-2　箔竹村新农村建设概况表

新农村建设概况	具体内容
建设开始时间	2006 年
相关规划文件	《修水箔竹景区旅游发展规划（2016—2030）》 《箔竹村中国传统村落保护规划》
村落布局	团块状
规划面积	25.59 公顷
访谈、问卷人数（相加总和）	34 人
人口结构	本村、外村、非农
是否有环境整治基础	否

新农村建设概况	具体内容
道路交通	李村至箬竹旅游公路
绿化景观规划	有
村落类型	传统村落
主导产业	农业、旅游业
规划实施阶段	已完成

（二）村庄区域位置

箬竹村地处修水县东南隅、黄沙镇东北部，与义宁镇、黄坳乡交界。村庄通过村道可与西南方向距离 9 公里的黄沙镇区相连，与西北方向的修水县城可通过南北向穿越黄沙镇的省道 S227 相连，公路通行距离为 25 公里，与大广高速修水枢纽互通距离 22 公里。

（三）自然资源

1. 地形地貌

黄沙镇岭斜乡箬竹村位于修水县东南部，属于江南丘陵地貌，处于江南复式隆褶带（即江南古陆）的中段北缘，全村属中低山丘陵地貌，土壤以红壤和黄棕壤为主，有机质丰富，土层浅薄，工程地质条件良好。箬竹村位于眉毛山东南山腰，海拔 800 余米，属于典型的江南丘陵地貌，村庄四面环山，处于盆地的中央，由此也造就了冬暖夏凉的气候特征。

2. 农业产业

箬竹村内共有耕地 600 亩[①]，人均耕地 2 亩。农业以传统种养为主，除水稻外，还种植茶叶、菊花等经济作物。水稻以传统耕作生产为主，基本能做到自给自足。茶叶种植 500 亩，以红茶为主，也包括绿茶。菊花种植 80 亩，沿山脚梯田植栽。山塘草鱼养殖面积 3 亩。

3. 矿石资源

箬竹村拥有瓷土矿、铝土矿、地热等自然资源，其中瓷土矿的开采及温泉资源给黄沙镇带来了经济快速增长的机遇。

---

① 1 亩≈666.67 平方米。

4. 水文资源

箔竹秀水河由三条支流汇流而成，河水水质清冽。箔竹村内的小溪源自眉毛山山顶，常年水源充足，溪水环绕村庄，是该村在新农村建设给水工程实施之前，村内的主要饮用水源。

（四）历史沿革

箔竹村由张家、郑家组成，张氏箔竹系十三世祖崇致公于南宋祥兴年间由南溪始迁于此，因其喜爱箔竹的山水环境，遂于此处安居乐业、娶妻生子、繁衍生息，族人聚居之地称为张家，距今已有 800 多年。郑氏族人聚居之地，始建于明代永乐年间，距今 600 多年。郑氏后人善于看地理风水，见箔竹村风景秀美，燕子多筑巢，族人认为此地为风水宝地，因此决定在此处安家。

箔竹村四周群山环绕，张家、郑家坐落于盆地之中（图 2-1），其中秀水河将张家、郑家分为东西两个部分。古村整体格局保存较为完整。《郑氏大成宗谱》中阐述了箔竹村的布局形式，郑家基址成鸟巢形，背靠大南山，面对笔架山，左右高低梯田环绕，形成了"郑家九井十八巷，东西南北四门"的村落布局。张家同样按照风水理论进行选址建设，村庄的格局清晰完整，呈双臂拥抱形态。

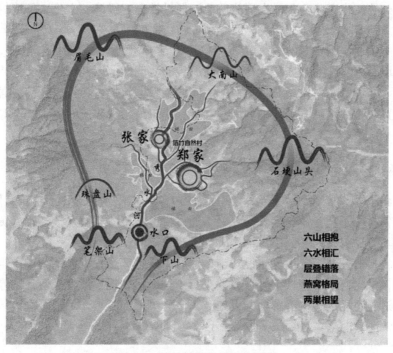

图 2-1 箔竹村选址格局分析图

资料来源：《修水箔竹景区旅游发展规划（2016—2030）》

（五）规划建设

在规划建设上，箬竹村早在 2006 年就开始进行第一次村庄规划设计，规划面积为 25.59 公顷，包括张家、郑家，规划户数为 31 户，预计分三期建设完成。规划编制工作由修水县城乡规划局工作人员完成，在实地调查中了解到，由于多种原因，只实施了规划建设文本中的基础设施建设部分，其余规划内容并未落实到位。2015 年，箬竹村确定了村庄的未来支柱产业为第一产业和第三产业。2016 年修订完成《修水箬竹景区旅游发展规划（2016—2030）》，2017 年修订编制《箬竹村中国传统村落保护规划》，计划十年内实现从第一产业向第三产业的转型。规划分三期进行，第三期预计 2030 年建设完成。

《箬竹村中国传统村落保护规划》中提出了以下几点规划原则。

1）真实性原则。在最大限度地保护箬竹村的村落肌理、空间格局、绿化环境、历史建筑与遗迹等的基础上，延续古村落所承载的历史文化内涵，坚持"修旧如故，以存其真"的保护修缮理念，保护古村落真实的历史风貌，延续古村落和谐的居住生活形态。[①]

2）可持续发展原则。正确处理古村保护与社会经济发展的关系，保护古村历史环境的真实性、完整性。在保护的前提下，合理规划利用箬竹村丰富的旅游资源和悠久的文化底蕴，积极发展旅游业，促进社会、经济、文化、环境的协调持续发展。

3）协调性原则。除对规划范围内的建筑、环境要素采取保护措施外，还必须注意地域历史文脉的整体延续性、环境风貌的协调性，以及对建筑文化特色的传承保护。处理好新村发展和古村保护之间的关系，包括古村人口迁移与居住发展用地安置、公共基础服务设施的配套共享、建筑与景观环境的风貌统一等方面的协调性。

（六）交通分析

1949 年以前，黄沙镇只有一条正街；1973 年被洪水冲毁，后被重新修建。

箬竹村位于黄沙镇与宁州交界处，通过村道与黄沙集镇连接，距离黄沙集镇 9.5 公里，距离县城 19 公里。

箬竹村的公共服务设施建设对当地建设旅游景区意义重大，调查小组经过调查得知，村内有箬竹客栈 1 处、公共厕所 1 处，正在规划建设旅游景区停车场、消防通道、垃圾运转中心等公共设施。

---

① 巴琦. 旅游视角下的古村落保护与规划——以景德镇浮北磻溪历史文化名村为例[D]. 景德镇陶瓷学院，2013：30-32.

三、朱砂村

2013 年 8 月，江西省人民政府确定黄坳乡朱砂村为第五批省级历史文化名镇名村。朱砂村的建设规划范围涉及四处，分别是洋屋里、下位贤、三幢堂、上位贤。

朱砂村新农村建设概况如表 2-3 所示。朱砂村具有较多的古建筑、历史遗迹等，因此在村庄规划设计时，需要考虑完整地保存乡村聚落形态、空间格局，在划定规划范围的基础上，依据可持续发展原则和协调性原则，处理好新农村建设与古村保护之间的关系。其中包括古村人口迁移与居住用地选址问题、建筑与环境相统一等方面的协调性。同时积极促进村内支柱产业转型，利用朱砂村丰富的旅游资源及深厚的文化底蕴，积极发展第三产业，促进当地社会经济、文化、村落环境的可持续发展。[①]

表 2-3　朱砂村新农村建设概况表

新农村建设概况	具体内容
建设开始时间	2005 年
相关规划文件	《朱砂村新农村建设规划》 《朱砂村中国传统村落保护规划》
村落布局	带状形
规划面积	13.6 公顷
访谈、问卷人数（相加总和）	41 人
人口结构	本村、外村、非农
是否有环境整治基础	有
道路交通	公路
绿化景观规划	有
村落类型	传统村落
主导产业	农业
规划实施阶段	初期

（一）朱砂村区域位置及交通状况

朱砂村坐落在杨家坪森林生态旅游区，位于修水县东南部，在武宁县、靖安

① 张奥. 乡土社会环境下的基诺族村庄规划与设计研究——以洛特老寨为例[D]. 昆明理工大学,2016:29-32.

县、铜鼓县、修水县四县交汇处，在未开通高速公路县道村村通之前，朱砂村为"边缘村庄"，交通十分不便。新农村建设到第十年时，大广高速从杨家坪森林生态旅游区边缘穿过，连接省道，为朱砂村的发展提供了契机。

朱砂村位于朱砂村委会西南 1.8 公里，地处九龙山下，四周环山，位于盆地中央。通过昌铜高速、修铜省道的交通联系，东距省会南昌 238 公里；通过永武高速、昌九高速的交通联系，北距九江市 276 公里；通过修铜省道的联系，距离修水县城 53 公里。

虽然朱砂村为黄坳乡较为偏远的村庄，但村庄道路连接着县道，如修铜公路、柯龙公路、大广高速等（图 2-2），对外交通较为便捷。经过实地调查发现，朱砂村在新农村规划建设前期，主要以步行方式出入村庄，机动车无法进入村内，且村内没有设置停车场。

（二）自然资源

1. 地形地貌

朱砂村位于九岭山脉之下的盆地中央，四周为连绵山脉，随海拔高度不同，分别种植松树、杉树、竹子等植被。

朱砂村的中部为狭长的谷地，东、南、西三面被低山丘陵围合，中间低势最低处为自南向北流向的朱砂河，梯田、道路顺应山丘、水系的地势呈带状分布，古朴宁静的村舍，凸显了浓郁的赣西北乡土特色。

2. 气候

朱砂村地处亚热带季风性湿润气候区，四季分明，热量丰富，无霜期长，光照较为充足，年降雨量丰富。村庄年平均气温为 16.7℃，年降水量为 1634.1 毫米，年日照时间为 1600.4 小时。该村地处九岭山脉中段，是典型的山区，森林覆盖率高，空气清新，适合绿色农副产品的培植及生长。

3. 资源

村内自然资源、文化资源丰富，村内东部有青钱柳特色种植基地、黄坳大米种植基地；矿石资源有高岭石、红宝石、铜、芒硝、石膏。村内还有保存较为完好的古建筑、古祠堂、古树名木、古井、古桥、石砌河道等历史文化资源。

4. 水文

朱砂村水系由 1 条干流、6 条支流组成。干流为朱砂河，总长 900 米，起始于培士小学以北的山脉，自南向北流经朱砂村。支流有塔下河、新屋河、信西河、洞下河、亭子里河、白石河。

（三）历史沿革

朱砂村曾名为柜竹湾村，公元 850 年，瞿令奕公从浙江省金华市迁来当地，取名为柜竹湾，在清乾隆年间更名为硃砂村，由于行政区划调整，"硃砂村"更名为"朱砂村"。朱砂村村民靠着外出经商等辛勤劳动创造了丰富的物质财富及精神财富，古村域内的河流、桥梁、道路、水井等均为先贤亲手创建，为后人的生产生活奠定了丰厚的物质基础。除此之外，朱砂村还十分重视村庄文化事业的发展，创建私塾，为朱砂村的繁荣培养了人才。

（四）社会经济

朱砂村村民的主要经济来源为外出务工。2016 年，村内人均年收入为 2000 元。村内经济以农业种植、禽类养殖为主，包括黄垇水稻、山地西瓜、黄羽鸡养殖。在新农村建设之前，村民长期保持自给自足的状态，尚未形成规模化、产业化种植。

（五）规划建设

2005 年，朱砂村开始进行新农村建设，依照相关规划政策，编制了《朱砂村新农村建设规划》，规划提出以下几点原则：第一，规划与保护相结合，保护完整的乡村聚落形态，如保存朱砂古村村落肌理、空间格局、绿化环境、历史建筑遗迹等。第二，促进村庄产业发展，打造朱砂村特色产业、品牌，加强古村特色农业与企业的联系。第三，坚持可持续发展原则，正确处理古村规划与社会经济发展的关系，促进村庄产业从单极发展为多极，积极发展旅游业，促进经济、文化协调持续发展。第四，在村庄规划建设实施过程中，必须重视对历史文脉的整体延续性、环境风貌的协调性，以及建筑文化特色的传承保护。第五，处理好新农村与古村之间的关系，包括古村人口迁移与居住发展用地、公共基础设施共享配套、新建建筑风貌与古村风貌相统一的协调性。

1. 村庄用地规划

新农村建设十年来，朱砂村按照规划文本的规定，坚持古村域内用地以村民居住用地为主，并建设村民配套基础设施，在古村内规划了少量道路及村民活动广场、基础设施用地以及环卫设施用地（图 2-2）。

2. 公共设施规划

2010 年以前，朱砂村没有邮政代办点、商业服务点、活动中心等公共服务设施；新农村建设规划落实之后，逐步建设了村民委员会、邮政村村通、小卖部、村民活动中心等，方便了村民生活。

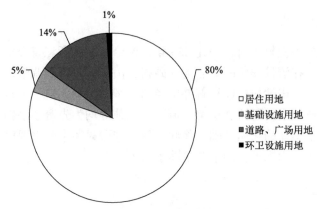

图2-2 2018年朱砂村各项建筑用地占比
资料来源：《朱砂村新农村建设规划》

在新农村建设之前，村内的培土小学荒废已久，学生须到1公里以外的小学就读。2011年，朱砂村向政府申请资金重办行政小学。

村民医疗点建设方面。2005年之前，朱砂村村民看病需要到1.5公里以外的村部服务点。基于此，朱砂村的规划文本中提出，计划在2007年建设朱砂村卫生室。但调查小组了解到，此项规划并未落实到位。

3. 基础设施建设

在基础设施建设方面。新农村建设规划实施前，朱砂村没有铺设自来水管道，生活污水未经过处理就近排入池塘和沟渠。此外，村内电压和网络信号也不稳定。新农村建设开始后，自来水管道进入家家户户，村内安置了沼气池、供电变压箱等设备，电信、联通网络信号良好，但暂无移动网络接入口（现已接通）。

（六）环境整治

现阶段，该村每家每户均配置有一个垃圾收集箱，且村内有专业保洁员进行垃圾收集，收集后的垃圾被运往村北侧沿路200米的垃圾焚烧点进行集中焚烧处理。2016年，朱砂村实施了环境整治工程，村内乱搭乱建现象有所好转，村民对村容村貌的维护意识也有所增强。

四、汤桥村

调查小组选择汤桥村作为本次调查的样本村庄之一的原因有四点：一是汤桥村新农村建设规划的第一阶段在2008—2018年，既符合本次调查样本村庄新农村规划设计的时间要求，也符合本次调查对样本村庄的基本要求。二是由于地形地貌等自然原因，汤桥村的村庄布局为条带式的，村庄规模不大，农户住宅沿村庄主干道分布。三是村庄外来人口较多。调查小组在走访时发现，村庄的外来人口多来自周边村庄，且以从事个体工商业为主，为当地解决了部分就业问题。2010年，黄沙镇开始扩大对外招商引资，鼓励本土企业发展，从而将人才留在本地。[①]四是作为传统村落，汤桥村的村落格局保存较好，且新农村的规划设计也基本按期完成。汤桥村新农村建设概况如表2-4所示。

表2-4 汤桥村新农村建设概况表

新农村建设概况	具体内容
建设开始时间	2008年
上位规划	《修水县黄沙镇汤桥村中心村建设规划》
村落布局	条带式
规划面积	6.3公顷
访谈、问卷人数（相加总和）	38人
人口结构	本村、外村、非农
是否有环境整治基础	有
道路交通	公路
绿化景观规划	以老年人和儿童休闲场所为主的景观
村落类型	传统村落
主导产业	农业、旅游业
规划实施阶段	初期

（一）地理位置

黄沙镇位于修水县的东南部，距县城只有36公里。汤桥村位于黄沙镇东部，东邻瑶村，南靠安全村，距镇区10公里，距县城29公里。

（二）自然资源

汤桥村的立体气候明显，年平均气温16.7℃，年降水量为1634.1毫米。村庄主要河流为安候河，由东向西绕村而过，水量充沛，水质较好，能够为生产生活提供充足的水资源。

汤桥村是黄沙镇有名的以林业为主的村庄，林木主要为竹林。汤桥村域范围内的林地覆盖率达到80%，村庄产业以林业、桑蚕养殖业、水稻种植为主。

---

① 云南开发设计研究院. 修水县黄沙镇汤桥村中心村建设规划说明书[Z]. 2014：6-17.

（三）村庄规划

汤桥村于 2008 年开始进行新农村规划，规划期限为 2008—2018 年，主要对村庄产业、村庄布局、道路交通规划、建设用地划分等进行统筹规划。

1. 村庄产业布置

2008 年规划实施之前，汤桥村只有部分农户开展鱼种养殖，并未形成村域产业及养殖规模。规划实施后，村庄北部的石咀水库下游扩大了鱼种养殖业。在江西农业大学专家团队的示范与引导下，汤桥村农户积极参与鱼种养殖，促进了本村鱼种养殖产业的快速发展。为优化农业产业结构，打造汤桥特色产业，汤桥村利用林地、缓坡地发展菊花种植，在规划核心区西部建设了菊花种植基地。

汤桥村在基围虾养殖方面已经形成了一定规模和效益，积累了丰富的基围虾养殖经验。规划充分发挥基围虾养殖优势，依托区域内现有养殖企业，扩大养殖规模，并在规划核心区东部新建了 3 处基围虾养殖基地，以推进标准化建设，加快养殖方式转变，积极扶持产业化龙头企业，发展现代产品加工和流通，实现产业升级。

2. 村域土地利用规划

汤桥村村域范围内 80% 的面积是林地，耕地面积约占 10%，其余为村庄建设用地。

3. 村庄建设用地规划

根据村庄实际现状，保留了大部分现状生活用地，撤并零散居民点，将原来村庄建设用地改成经济林地或耕地。调查小组了解到，汤桥村现阶段人均建设用地为 141 平方米，规划建设用地按人均 120—135 平方米控制。

4. 村域道路系统规划

新农村建设前期，汤桥村的主要道路未划分道路等级，也未经过道路硬化，且因缺少项目建设资金，道路状况较差，影响了村民日常出行。《汤桥村建设规划》为汤桥村设立了三级道路，分别是主要道路、次要道路和宅间路。主要道路为水泥路面，宽度为 5—7 米，新建道路宽度按 7 米进行控制。次要道路为各居住组团间的联系道路，宽度为 4—5 米。宅间路是通往各户门前的小路，宽度为 3—4 米。

（四）村庄建设用地划分

根据《村镇规划标准》（GB 50188—1993），村庄建设用地划分为居住建筑用地、公共建筑用地、道路广场用地、绿化用地等。

1. 居住建筑用地

居住建筑用地的选址结合旧村及现有基础设施，充分利用村落周边的空地、边角地，以成片开发为原则，在原有基础上形成完整的生活区。新建村民住宅及旧村改造采用联片式、联排式，注重对村内有价值建筑的利用，形成公共活动场所。

2. 公共建筑用地

按照全省中心村"10+4"配套指标，中心村必须配置基本公共服务设施。规划要求进一步完善小学教育设施，并计划新建公共服务中心、村委会、文化室、老年活动中心、幼儿园、卫生所、农贸市场、广场等公共设施。

3. 道路广场用地

村庄规划结合旧村改造，增加4米宽的村内支路，来改善村内交通。通过村庄路网建设，搭建好村庄发展的框架。

4. 绿化用地

规划范围内建设小型绿化游园和休闲广场，配以健身器材，以丰富村民日常休闲生活。

（五）基础设施

汤桥村依靠自筹资金及政府出资对道路交通、农田水利、村内绿化等基础设施进行了逐步完善，其中村域道路系统规划主要以206县道为主要进村道路，然后纵伸至各村组，以加强对外交通联系和村组之间的联系。

1. 给排水现状

汤桥村有集中供水水塔，主要为山泉水。村内尚未形成统一完善的排水系统，只有部分巷道有排水沟，雨水、污水沿房屋边沟就地势散排至低洼处。该村排水存在的问题为，排水设施不完善，无污水处理设施，影响村庄环境和村民身心健康。

2. 电力现状

汤桥村的用电由黄沙变电站提供，线路由206县道北侧架入。主要问题为线路架空敷设，进户电线随意搭接，线路较为凌乱。

3. 通信现状

汤桥村的通信光缆由黄沙电信所接入，沿县道南侧架设，入户电信光缆架空接入。主要问题为线路较为凌乱，影响村庄整体面貌。汤桥村目前已开通有线电视，电视接收覆盖率达 95%。

4. 环卫现状

新农村建设之前，汤桥村有垃圾收集点 1 处，公共厕所 0 处，各街巷均未设置垃圾桶，垃圾乱倒现象普遍。2014 年，汤桥村开始进行全村范围内的环境整治工作，村内主干道两侧间隔 100 米放置垃圾桶，并聘请环卫工人进行垃圾清运工作，村容村貌得到较大改善。

5. 防灾现状

安候河两岸未设防洪堤，村内未设消火栓。根据《中国地震烈度区划图》，修水县地震烈度为Ⅵ度，全县没有建设防护设施。

（六）环境整治

2008 年，汤桥村在《修水县黄沙镇汤桥村中心村建设规划》环境整治文篇中强调，重点拆除村内乱搭乱建建筑。该规划对村内景观改善、村内工厂污水排放等问题提出整改建议，为村内景观节点的设计提供效果图，并为村内种植树种给出指导意见。

五、样本村庄社会经济概况

三个样本村庄的经济发展较为平稳，村庄支柱产业均为农业。

（一）农业发展新模式带动经济发展

2015 年，三个样本村庄确定以打造地区特色农业为发展方向，样本村庄农业优势品种多，箔竹桑蚕养殖研究所、汤桥宏宇菊花种植基地、朱砂志远茶厂等农业企业已达到一定规模。黄沙镇内农业、工业产业布局规划遵守"南桑北菜、山区种养、中间个私"的原则。

为了符合新农村建设产业发展需求，样本村庄在产业发展过程中，积极转变产业经营模式，引进桑蚕研究所、蔬菜培育基地等项目，并通过制定最低保护价格，来确保农民收入。同时，要求农业产业项目分期推进，加快农业现代化的改革进程，带动村庄新农村建设发展。

（二）发展乡村旅游业

古村落拥有独特的自然资源及历史文化资源。2012—2015 年，黄沙镇将箔竹村、汤桥村作为重点试点规划村落，为其度身定制了旅游发展规划。依托箔竹村的历史文化资源、汤桥村的地热资源及艾家坪旅游度假村，打造乡村文化旅游名片。依托旅游资源，样本村庄加强了第三产业服务业建设，大力发展乡村旅游服务业。

六、人口构成

以箔竹村为例。新农村建设十年以来，箔竹村的户籍人口稳步增长（图2-3）。但调查小组在实地走访时发现，村内常住人口数量在逐年减少，传统村落的人口老龄化及空心化状况较为严重。原因有以下几点：首先，村庄经济发展水平较低，多数村民为了增加家庭收入选择外出务工。其次，被评为中国传统村落后，村庄被规划为保护区，并制定了相关保护政策，设置了建筑控制地带。因此，多数年轻村民迁到新村定居，留在古村的多为老年人，导致古村人口老龄化、空心化现象严重。最后，传统村落的基础设施及公共设施配套无法满足村民需求，生活不方便。

图 2-3　修水县黄沙镇箔竹村户籍人口变化情况

资料来源：由黄沙镇政府提供

七、建设特色村镇

黄沙镇在推进新农村建设的十年来，多次修订村镇规划。2006年新农村建设初期，黄沙镇政府制定了《修水县黄沙镇总体规划（2009—2030）》。2010年，黄沙镇对其社会经济发展、镇域镇村体系、镇区建设等方面进行重新规划。2011年，聘请九江市规划局人员重新制定乡镇总体规划方案。2014年，确定将黄沙镇打造为特色村镇。2015年，正式启动乡镇规划修编，打造客家特色的中心村镇。

从2014年确定发展特色村镇以来，黄沙镇将箔竹村、汤桥村作为示范景区，编制旅游景区发展规划文本，确定景区内项目布局，游客服务中心、便民服务中心、文体中心等项目建设，其中箔竹村主要开发休闲养生旅游度假区，汤桥村主要打造温泉度假特色村。2014年,黄沙镇投资修建李村至箬竹4公里的旅游公路。同年,自筹资金启动通往油岭红豆杉县级保护区的公路建设,为特色村落建设开辟绿色通道。[①]

2015—2018年,黄沙镇依托当地特色农业打造富有一村一景、一村一韵的魅力村庄,积极改造老城区建筑外观,将旅游业与农业相融合,鼓励开发旅游休闲、养生养老、创意农业、农耕体验、乡村手工艺等具有历史记忆、地域特色、民族风情的旅游项目。

八、基于SWOT分析法的新农村建设的分析思考

(一)样本村庄新农村建设SWOT分析

1. 优势

修水县是江西省九江市下辖县,位于江西省西北部、九江市西部,是三省(赣、湘、鄂)、九县(靖安、奉新、宜丰、铜鼓、平江、通城、崇阳、通山、武宁)的交界处,三个省会城市(长沙、武汉、南昌)的中心点,九江市、南昌市、宜春市、长沙市、岳阳市五城市的圈层中心,自然地理位置形成众星拱月之势,与五城市均只距离2小时的车程。

修水县资源组合度较好。朱砂村、箬竹村、汤桥村资源类型多样,山、水、林、泉、潭、溪、民居等巧妙成景,湖光山色美不胜收。古村历史文化、建筑文化与眉毛山文化相得益彰,更添魅力。整体资源呈现"大分散、小集中"的空间格局,大大提升了开发价值。[②]

生态环境优美。修水县传统村落的产业以农业为主,村民的环保意识较强,植被等生态资源保护良好。传统村落处于"一山秀色无人晓,藏于深闺人未识"的状态,"藏在云中的古村"是名副其实的隐逸世外桃源,被赞誉为"等到风景都看透,陪你看细水长流"的绝美胜景。自然生态环境的优势,为旅游开发带来巨大潜力。

文化底蕴深厚。文化是一个旅游景区生命力的核心,传统村落不仅有良好的自然资源基础,而且具有博大精深的民居建筑文化、淳朴浓郁的乡土文化以及丰富多彩的历史典故与民间传说,通过对这些宝贵资源进行深度挖掘和整合,有利于进一步提升景区产品价值。

① 梁慧斌. 黄沙镇政府工作报告[EB/OL]. http://www.xiushui.gov.cn/publicity_hsz/ghjh/4634.
② 临澧县旅游局. 临澧县太浮山生态旅游区开发总体规划[EB/OL]. https://wenku.baidu.com/view/42ef75a7b9d528ea81c779cd.html.

2. 劣势

基础设施不够完善。修水县传统村落的开发处于起步阶段,虽然有比较完善的外部交通系统,但景区内部交通、基础设施等严重不足,制约了传统村落的发展。

建设工程量大。修水县内诸多村落尚未开发建设,整个规划区建设工程量大,持续时间长,为新农村建设带来一定的困难。

3. 机会

趋势的变化。随着乡村旅游的兴起,城市居民到乡村度假的需求增加,加之中短途旅游的兴起、乡村旅游与自驾游的升温,旅游种类层出不穷,旅游者对旅游地的个性化选择和综合要求也越来越高,这对于发展乡村旅游起步较慢的箬竹村来说,是一个与现代旅游市场接轨的好机会。

4. 威胁

资金拨付周期慢,交通通达性较差。本次调查的样本村庄箬竹村及朱砂村入选为中国传统村落,每年能获得对古村人文历史遗迹进行保护修缮的固定资金,但资金拨付周期长,手续繁杂,导致古村规划建设项目进程缓慢。传统村落之所以能完整地保存到现在,是因为村落位置偏远,几乎处于与外界隔绝的状态。以箬竹村为例,该村与外界的联系只有一条盘山公路,且公路通达性较差,受自然灾害影响较大,制约了古村新农村建设发展。

(二)开发与生态环境保护的矛盾

新农村建设可以对当地经济起到促进作用,但若规划不得当,将面临生态环境被破坏的问题。如何在规划建设的过程中因地制宜,结合当地的实际保护好原有生态环境、动植物资源,处理好污水和生活垃圾是急需解决的问题。

(三)管理机构及人才的缺乏

村庄之间的竞争已经由硬件设施的竞争上升到软件的较量,如管理制度、人才竞争等。修水县传统村落的开发尚处于开始阶段,管理制度和人才体系还不完善,尤其是人才的缺乏,成为制约发展的核心因素。

综上所述,修水县传统村落要想提升竞争力,必须先寻找到"特色"和"主题"。

九、门槛分析法

应用门槛分析法为箬竹村提出诊断分析。箬竹村位于黄沙镇东北处,箬竹村域面积 5.1 平方公里,村落整体形态保存较为完整。尽管拥有优良的生态资源、优越的地理位置、3000 亩的梯田农业景观及保存较好的明清建筑,但是由于村落道路交通不通畅、基础设施不完善,村庄经济发展水平较低,社会事业发展缓慢。

（一）产业较为单一

箔竹村农耕产业以水稻为主,茶叶、竹子为辅,矿产资源、能源资源较为匮乏,村庄暂无第二产业。

（二）第三产业正在规划

历史沿革、民俗风俗、建筑风貌等都是村落的特色旅游资源,调查小组在箔竹村走访时了解到,村内保存完好的赣风民居有 52 栋、两座明代古桥。村庄布局形态隐含太极八卦形制,具有丰富的旅游价值。但是由于缺乏合理的统筹规划,以及一些规划内容未能按期落实到位,这些资源没有得到有效开发。

（三）气候灾害多发

箔竹村年平均气温 16.7℃,极端气温达到零下 11.6℃,寒冷天气对当地农作物的危害较大,易造成作物冻伤、减产。箔竹村年平均降雨量为 1634.1 毫米,雨量充沛,年日照时间为 1600.4 小时。每年 4—6 月为集中降雨期,由于当地土壤以红壤及黄棕土壤为主,土质层较薄,若遇集中降雨或强降雨,有发生泥石流、山体滑坡、洪水的可能,对当地农业、交通运输、基础设施建设有较大危害,给该村农业和人民生活带来不利影响,这是该地气候资源方面的门槛因素。[①]

（四）矿产资源及能源资源薄弱

箔竹村以农业为主,能源资源及矿产资源匮乏,工业基础薄弱。

（五）缺乏人才资源及技术指导

新农村建设以来,在国家和政府的大力扶持下,村庄人居环境有了一定改善,但是村内交通不便,信息较为闭塞,加之村民受传统思想影响较深,部分村民不重视子女的教育,不让适龄儿童上学。直至 2018 年,箔竹村都未建设小学、幼儿园等教育教学场所,难以培养人才。

从 2010 年开始,村内外出打工的青壮年人数逐年增加,留在村庄的以 60 岁

---

① 覃永晖, 吴晓, 张连彪, 等. 基于门槛理论的湘西北少数民族聚居地新农村整治规划[J]. 广东农业科学,
2009（7）: 334-337.

以上老人为主，村内人口自然增长率呈负增长。2010—2018 年，箬竹村的空心化现象越发严重，青壮劳动力的缺乏成为制约村落发展的瓶颈。

（六）村庄基础设施不完善

箬竹村的基础设施还有待完善，主要表现在村庄发展旅游业，但村内现有的居民住宅、道路等基础设施不能满足乡村旅游的需求，急需规划新的居民集中居住点及游客服务中心、消防通道等。

第二节　传统村落的现状

随着新农村建设的逐步深入，公共财政向农村地区的投入力度逐渐增大。新农村建设十年后，如何进一步明确村庄未来发展方向、促进规划的有效落实、整合村庄资源、引导财政的合理有效利用，以及科学合理配置村庄公共设施，是关系到我国乡村地区可持续发展的关键症结所在。

一、十年间新农村建设发展差异

我国传统村落是在小农经济基础之上发展起来的，具有规模小而分散的特点。由于村庄间在社会经济、自然条件等方面存在差异，新农村建设期间村庄发展不平衡，不同村庄的发展特点、存在的问题也各不相同。即使在同一区域内，由于各村庄所处区位、交通条件的不同，在规模、经济发展水平、资源等方面的差异也较大。

从资源分布上看，在水源、交通以及其他有利于居民点发展的资源附近，村庄建设密度相对较高。从城乡关系上看，随着社会经济和城镇化的迅速发展，距离城市较近的村庄的大量耕地被"城市化"蚕食[①]，不仅耕地成为建设"大城市"的一部分，而且乡村人口逐渐非农化。从村庄产业上看，新农村建设期间，部分村庄的支柱产业正在由第一产业为主转为以工业、旅游业、观光农业为主。从发展方向上看，部分村庄正在向城镇化方向发展，有的村庄受所处位置以及交通、自身资源条件的制约，还在为村庄起步发展而努力。

此次调查的修水县新农村建设情况充分印证了上述说法。修水县地势周高中低、西高东低，县内村庄分布数量少且规模小。村庄不仅在规模和数量上差异较大，在其他方面也有较为明显的差异。因此在村庄规划编制过程中，有必要对村落分类、分层级，依据村庄的自身条件及其发展基础给予区别对待，制定差异化的发展战略。

---

① 夏雷. 严寒地区村镇体系公共服务设施规划研究——以庆云堡镇为例[D]. 哈尔滨工业大学，2013：61.

二、规划编制与实际实施不一致

（一）新农村建设规划需要与时俱进

样本村庄的规划编制内容与实际实施方案有所偏颇，难以保证村庄的实际实施方案能满足当地村民的日常需要。经过实地调查，调查小组认为原因有以下几点：第一，编制规划人员在进行村庄规划编制前缺乏对村庄经济状况的了解，生搬硬套城市规划理论，未能从实际出发对样本村庄经济做有效核算，造成规划与实施建设脱节，部分规划最后只沦为形式。第二，编制规划人员未能在编制前与当地村民就相关问题取得有效沟通，因此不能"对症下药"。第三，规划编制过程中，编制规划人员未能深入且精确地了解村庄的实际发展需要。在规划初步制定或开始实施过程中，需要根据村庄实际情况不断调整规划纲要，清晰规划编制内容未能实施的根本原因，切忌盲目跟风制定新的发展目标。

在本次调查中，三个样本村庄均存在规划文本内容与实际建设状况不一致的情况。村庄的基础设施建设常出现两种状况：一是规划范围内的基础设施建设已初步完工，但未能投入使用，或者已经投入使用，但利用率不高；二是规划的基础设施实际上并未落实。

调查小组将新农村建设十年来村民希望改善的基础设施的相关数据录入SPSS12.0进行分析，结果如表 2-5 所示。

表 2-5　基础设施情况调查表

您最希望改善的基础设施是什么	朱砂村/%	汤桥村/%	箬竹村/%	χ^2	p（双尾）
饮水	33.3	39.4	27.6	0.967	0.617
修路	69.4	66.7	48.3	3.477	0.176
用电	27.8	27.3	27.6	0.002	0.999
沼气	5.6	21.2	10.3	4.066	0.131
厕所改造	16.7	12.1	51.7	15.082	0.001
污水处理	22.2	33.3	62.1	11.266	0.004
垃圾收集	33.3	42.4	55.2	3.132	0.209
文化建设	52.8	69.7	79.3	5.316	0.070
医疗网	33.3	63.6	79.3	14.72	0.001

由表 2-5 可以看出，在饮水、修路、用电、沼气、垃圾收集、文化建设方面没有显著差异。饮水方面，低于 40% 的村民认为需要改善。用电方面，三个村庄

村民的观点保持一致，27%左右的村民认为需要改善。沼气方面，朱砂村和箔竹村的村民均认为，该项是所有基础设施中最不急需改善的。这说明水电气已不再是农村迫切解决的问题。修路、垃圾收集和文化建设方面虽然也不存在显著差异，但仍有较大部分村民认为，这三项还有待完善。汤桥村、朱砂村分别有超过65%的村民希望改善道路设施，55.2%的箔竹村民认为该村垃圾收集设施还需要改善。在文化建设方面，三个村庄均有超过50%的村民认为需要加强该项建设。最迫切需要解决的是厕所改造、污水处理和医疗网。在厕所改造方面，箔竹村（51.7%）的需求显著高于汤桥村（12.1%）和朱砂村（16.7%）。在污水处理方面，箔竹村（62.1%）的需求也显著高于汤桥村（33.3%）和朱砂村（22.2%）。在医疗网方面，最迫切的仍旧是箔竹村（79.3%），其次是汤桥村（63.6%），最后是朱砂村（33.3%）。受访村民表示，村庄医疗服务设施极度匮乏，村民就医需要步行至9公里以外的黄沙镇，村民的看病需求得不到满足。

（二）防灾减灾设施规划投入不足

朱砂村在村庄规划过程中依据《防洪标准》（GB 50201—1994）和《江西省历史名村名镇保护规划编制与实施暂行办法（2004年）》的有关规定，结合村庄实际情况，按照省级历史文化名村名镇防洪标准设防。此外，推进了道路、给排水、避灾场地等基础设施建设，来增强综合防灾能力，确保村民安全。但在实际调查中发现，朱砂村并没有按规划建设截洪沟、疏散通道等防灾通道。

（三）公共设施规划无法全部实施

汤桥村在新农村建设期间对206县道两侧房屋的整体风貌做了统一规划且按期落实到位，但村内非主干道的建筑规划存在部分未落实的情况，其主要原因是：第一，旧宅破损严重、施工技术水平低、建筑材料质量低劣，建造技术多为传统的手工搭建，节能、节材的新工艺、新技术并没有得到应用。第二，施工队伍多是由乡村木匠和泥瓦匠拼凑而成，没有合格的施工资质，缺乏必要的技术装备，缺少监督，建筑质量没有检验，建筑质量隐患较多。第三，建筑风格杂乱，地域特征逐渐退化，规划区域中有部分一类建筑质量较差，亟待维修。建筑周边电线随意分布，存在安全隐患。建议规划区域内进行线路改造，将架空电线改为地埋式，部分支线线路可沿墙面布置。

（四）土地资源浪费

调查小组发现，村庄宅基地占用了大量耕地，最大的宅基地占地约为500平方米。宅基地占地面积过大造成了一定程度的土地资源浪费，一方面，产业结构的变化带来劳动力的解放，大量农民向城市迁移，人口的流失使得村落中大量房屋被闲置。另一方面，留在村庄的村民为了解决住房问题，在旧村址的外围就近建立新宅，将旧房留给老人或任其败落，最后形成旧村被周边新宅包围，旧村渐渐荒凉，甚至成为一片废墟的情况。

（五）规划内容未能按时实施

为了新农村规划的顺利推进，规划文本一般会将建设进度分为几个阶段，如建设初期、建设中期、建设远期等，并确定每一阶段的重点建设任务，每期期限往往在十年及以上。在如此长期的村庄发展规划时间内，村庄发展以及政策、经济发展是动态变化的。虽然规划对村庄各项用地功能进行了详细划分，但在实际建设中，由于村庄用地范围有限，居住用地范围不断扩大，容易出现规划与实施相脱节的情况。

2007 年，汤桥村的村庄规划文本在居住片区内规划了村民活动广场和汤桥中心广场，但至本次调查结束之际，中心广场仍然没有动工。在访谈调查中，针对"您对村庄布局现状满意吗？如果不满意，您有什么更好的建议？"这个问题，共选取了 5 名受访村民，其中 3 名女性受访村民向调查小组表示对村内十年来的布局规划较为满意，村庄的人居环境得到较大改善，但缺少公共休闲活动场地。村庄规划建设是一个长期的、变化的过程，因此应根据现实发展状况不断调整。

三、村庄产业结构较为单一

产业支撑是解决我国农村长期发展的关键性问题，因此应合理调整村庄产业结构。

（一）村庄农业生产方式落后，发展动力不足

调查小组在对问卷中"您的职业"此项数据进行统计后，发现受访村民的职业为务农的占 70%。后在访谈中了解到，样本村庄农业生产方式较为传统，机械化程度较低，主要靠人力和畜力进行耕种，且种植的农作物主要是水稻和茶叶。新农村建设十年来，村庄产业结构较为单一，产业布局分散、管理粗放、效率低、发展动力不足等问题突出。例如，汤桥村在 2007 年规划建设鱼种养殖基地、绿色有机蔬菜基地、菊花种植基地、基围虾养殖基地，并规划在 2016 年建成汤桥温泉度假村。但该村各产业发展水平不同，投入、产出以及劳动分配存在较大差异，新农村建设期间产业协调发展格局一直未能形成，村内单一的产业格局在短时间内很难逆转，再加上村内空心化现象较为严重，村民市场意识薄弱，因此广大群众和村组干部更需不断深入了解市场。

（二）第三产业发展缓慢，效率低下

在本次调查过程中，调查小组了解到，受访村庄从改革开放至今第三产业发展落后的局面没有从根本上得到改变。首先，村庄第一、第二产业发展水平较低。村庄产业以农业为主，其中种植业占据绝对比例，林业、牧业、渔业的发展有待加强。

其次，外出务工人员的增多导致人才流失状况严重，村内发展第三产业缺乏高素质、高水平的人才，第三产业市场化水平较低。从第三产业的就业状况来看，大部分乡村人才聚集在商业、饮食服务业、旅游业内，而交通、通信、科教、金融等行业岗位在乡村依然欠缺。同时，农村生活服务产业体系建设不健全。

2008年，汤桥村的前期规划主要打造"帝师故里"和"汤桥温泉旅游度假村"这两个特色项目。2017年，"帝师故里"旅游项目开始投入运营。次年，"汤桥温泉旅游度假村"也投入运营。但在调查小组驻村进行访谈调查时，就"新农村建设还有哪些地方需要改进？"这个问题，受访村民表示汤桥村的第三产业缺乏群众参与，主要原因是存在利益分配不均现象。现阶段汤桥村还未制定明确的第三产业利益配比规划，村民对村庄第三产业发展的认知度低。

因此，对村庄产业进行科学合理规划，对发展农村经济，建设社会主义新农村都有重大意义。

（三）村庄缺乏可持续发展的主导产业

三个样本村庄的产业虽均有传统农业和现代服务业，但村庄产业仍然以传统农业为主，且存在农业生产规模小、效率低、产量不足、销售渠道窄等问题。零售、餐饮等服务业经营规模小，主要服务村庄内的村民。村庄缺乏可持续发展的产业链以及可持续发展的主导产业。

四、村庄建设缺乏长效管理机制

新农村建设硕果累累，许多村民都享受到了新农村建设带来的优美环境，同时也见证了从规划到建设的全部过程。但部分建成的项目投入使用后没多久就遭到不同程度的破坏，还有些被贴上小广告或海报，让人唏嘘不已。

（一）村镇重建设，轻管理

党中央及相关部门加大了对乡村规划建设的投资力度，为乡村基层项目建设提供主要资金支持。传统村落建设得到有关领导的重视，当地村民情绪高涨，积极配合项目建设。但项目建成之后，由于后续管理资金不能及时跟上，项目维护措施不到位，管理调度缺乏耐心和恒心，新农村整体建设进度缓慢。

（二）村庄环境有待改善

新农村建设改善了村民的居住环境，但是，村庄的公共环境还有待改善。露天的臭水沟从房前屋后通过，旱厕及猪牛圈安置于住宅附近，卫生环境恶劣，杂草丛生、垃圾乱堆等场景仍较普遍。

（三）管理机制未能落实到位

村内未建立规划设计管理部门，也未建立明确的奖惩机制，规划完成后村内景观遭到破坏，给新农村建设管理增添了不和谐因素。为了保证村庄的可持续发展，维护当地村民及游客的利益，应建立健全长效的管理机制，改善农村人居环境质量做到"三分建设，七分管理"，逐步建立多层次、多方位、多渠道的长效管理机制。

五、资金投入不足

新农村建设期间,三个样本村庄用于规划建设的资金大部分来源于政府扶持。对比三个样本村庄的规划建设后，发现箬竹村存在的问题是，村内部分历史遗迹存在老化、衰败的现象，且整治、修缮资金缺口较大，难以满足古村整体保护的需要。汤桥村存在的问题与箬竹村类似，也是古建筑群落的整治、修缮资金缺口较大，难以满足古村整体保护的需要。

在对朱砂村村民委员会袁主任就"近十年村庄主要规划项目及基本情况"进行访谈时，袁主任表示，朱砂村是修水县第一个被评为中国传统村落的古村，国家每年会有专项资金对古村规划进行实施帮扶，但审批手续繁杂，资金到位周期较长，这也是古村规划实施进程缓慢的重要原因。

六、村民观念较落后

新农村建设不仅关系到村民生活品质的改善，更关系到对村民生活方式、观念习俗以及传统文化的尊重、保护与发展。由于乡镇政府在文化知识的普及和审美观念方面缺乏对村民的引导，在文化知识普及的当代社会，仍有多数村民保持着旧的思想观和价值观。除此之外，一些地区的新农村建设者并没有深入研究当地历史的演变和考察当地的文化环境、自然环境，在不清楚村民的生活方式和审美习惯的情况下，将某些所谓城市化、现代化的建筑样式和西式审美观念强加给农民，导致住宅功能单一，大量空间被浪费，建筑的色彩、布局、样式与村落整体环境不融洽。

第三章

村庄建设规划理念的演进

第一节　经济观念的改变

一、外部经济因素

（一）国家政策的转化

2006 年 3 月，第十届全国人大四次会议通过的《中华人民共和国国民经济和社会发展第十一个五年规划纲要》的第二篇第五章提出：第一，挖掘农业增收潜力。积极发展品种优良、特色明显、附加值高的优势农产品。延长农业产业链条，使农民在农业功能拓展中获得更多收益。第二，增加非农产业收入。推动乡镇企业机制创新和结构调整，引导乡镇企业向有条件的小城镇和县城集中。健全就业信息服务体系，引导富余劳动力向非农产业和城镇有序转移，保障进城务工人员合法权益，增强农民务工收入。第三，完善增收减负政策。继续实行对农民的直接补贴政策，加大补贴力度，完善补贴方式。

2011 年 3 月，第十一届全国人大四次会议通过的《中华人民共和国国民经济和社会发展第十二个五年规划纲要》的第二篇第六章提出：鼓励农民优化种养结构，提高生产经营水平和经济效益；扩大以工代赈规模，增加农民劳务收入；健全农业补贴制度，坚持对种粮农民实行直接补贴；增加新型农村社会养老保险基础养老金；积极发展政策性农业保险；加大扶贫投入，逐步提高扶贫标准。

国家的相关政策从着重乡村产业、乡企结构、农民收入等"自创型经济"体系的建构向增加农业补贴、农民补贴、扶贫政策的转化，直接影响农村在新农村和美丽乡村两个时期的发展方向，同时也提升了人们对农村建设的重视度，为后续社会各界人民投身农村建设做铺垫。

（二）传统农业发展方式转变

从古至今，农业一直是人类的衣食之源和生存之本，为人类的生存和发展提供了稳定的生活资源，给予了经济发展以稳定支撑。传统农业的发展状况不仅直接决定农民的收入，而且影响整个国民经济的健康发展。[①]

2015 年，国务院办公厅印发的《关于加快转变农业发展方式的意见》明确指出："把转变农业发展方式作为当前和今后一个时期加快推进农业现代化的根本途径，以发展多种形式农业适度规模经营为核心，以构建现代农业经营体系、生产体系和产业体系为重点，着力转变农业经营方式、生产方式、资源利用方式和管理方式，推动农业发展由数量增长为主转到数量质量效益并重上来。"

因此，以新技术、新规模、新体系和新理念为基础建立的新现代化农业发展方式将会逐渐代替传统的农业生产、发展方式，促进农业产业效益的增长。

（三）经济收入形式多元化

随着社会经济改革的持续发展，国家加大了对传统村落的引导和扶持力度，拓宽了村庄产业发展渠道。传统村落因地制宜发展特色农业，利用农业景观资源发展观光、休闲、旅游等服务业，加上进城务工和经商，农村经济收入从以传统农业为主逐渐向以非农业为主转变，实现多元化。

二、内部经济因素

（一）家庭总收入的增加

家庭收入是维持家庭生活的基本保障，随着家庭收入的不断增加，农民不再满足于陈旧的住宅样式，新住宅从原址或村落周边拔地而起。

就建新房面临的最大困难对箔竹村村民进行调查，结果表明，74%的村民认为，最大的困难是资金不足（表 3-1）。封闭式的小农经济限制了农民收入的增长，甚至出现负增长现象。随着国家对传统村落的扶持和扶贫助农政策的实施，农民经济收入相比以往有了较大幅度增长，开始从事除农业以外的其他工作，包括经商、公务员、技术工人、外出务工等（表 3-2）。

---

① 李忠斌，文晓国，李军明. 传统农业生产方式的困境及其转变[J]. 中南民族大学学报（自然科学版），2012，31（3）：108-114.

表 3-1　箔竹村村民住宅建设问题调查表　　　　　　　　单位：%

项目		30 岁及以下	31—59 岁	60 岁及以上	总计
您觉得现在建新房面临的最大困难是？	资金不足	11	46	17	74
	无地可建	5	12	2	19
	建材太贵	0	3	0	3
	施工技术太差	2	2	0	4

表 3-2　箔竹村村民从事行业调查表　　　　　　　　单位：%

项目		30 岁及以下	31—59 岁	60 岁及以上	总计
您家庭非农业收入主要依靠什么？	经商	1	11	0	12
	公务员	4	15	0	19
	技术工人	5	8	2	15
	外出务工	6	23	0	29
	运输业	3	15	0	18
	其他	1	2	4	7

（二）家庭消费结构的转换

新农村建设前，村庄经济产业结构单一，单一的经济结构在一定程度上制约了乡村经济的发展，农民微薄的收入几乎都用于基本生活支出。新农村建设开始实施时，国家加大了对传统村落建设资金的投入，以及对村民的补贴力度，村民生活得到保障，富余的资金可以用于住宅建设，因此住宅建筑成为新农村建设时期乡建的新热潮，也是这个时期家庭消费的主要支出。

美丽乡村建设时期，国家对乡村的扶持力度持续增加，村民的家庭总收入也逐年增加，从而家庭消费结构发生了新的变化。除了住宅建设仍占主导地位外，村民还加大了对子女教育的投入，文娱、衣食等方面的消费占比也有所增长（表 3-3）。

表 3-3　箔竹村村民消费结构表　　　　　　　　单位：%

项目		30 岁及以下	31—59 岁	60 岁及以上	总计
您家庭主要消费支出的占比情况	住房	7	31	5	43
	教育	4	16	2	22
	衣食	8	4	3	15
	文娱	9	5	1	15
	其他	2	2	1	5

（三）农民消费观念的转变

新农村建设以来，农民的收入有了较大增长，摆脱了过去吃不饱穿不暖的困境，资金的富余使农民不再满足于旧宅，纷纷在旧址或村落周边圈地自建，乡间流传着"有钱就要建房"的俗话。

乡村经济来源形式的多样化、家庭经济水平的不断提升，以及经济的稳步发展，转变了农民的消费观念，农民将过去潜在的购买意愿转化为现实的消费需求，教育、娱乐等不再是村民口中的浪费钱、无用的消费。乡村经济的发展促进了家庭收入的增加，家庭收入的增加又促进了农民消费观念的提升，消费观念的改变反过来推动了乡村经济的发展。

第二节　文化自信的觉醒

一、风土民情

自给自足的小农经济导致传统村落形成封闭式的群居模式，表现为村落与外界的联系和交往较少，村民将生产生活的重心都放在村落，逐渐形成了对村落强烈的依赖感，这种依赖主要源于对血缘及地缘的重视，如以血缘关系为纽带的多个家庭组成的村落家族社会和以地缘关系为纽带形成的村落邻里社会。血缘关系是族人间相互交往的主要关系纽带，家族是由家庭内父系血缘关系世代组成的宗族共同体，尽管家族的基础是家庭，但家族的文化、精神要远超家庭文化。共同的家族文化、家族精神使村民对自己所属家族具有高度的心理认同，这种心理认同形成了家族意识。

血缘关系与地缘关系共同构建了传统村落社会内部独特的关系纽带，但在城市化热潮等外部环境的冲击下，封闭式小农经济体系逐渐瓦解，乡村年轻劳动力逐渐向城市转移，坚固的地缘关系正在逐渐瓦解。

随着国家对传统文化的挖掘、保护和利用，村民对村落传统文化的保护意识有所增强。村落修建宗族祠堂、对传统文化资源的保护等，不仅是为了缅怀家族祖先、长辈，更是对传统村落历史文化的保护与传承。

二、传统民俗

民族习俗是经过自然环境与文化协调后沉淀出的意识形态，受地域环境的影响，各民族表现出的行为方式和习俗活动都有所不同。大多数的传统民俗活动经历了数百年的传承，其中部分民俗活动源于对天地神灵的信奉，这些传统民俗活动流传久远，即使在受现代化、城市化影响颇深的传统村落里，部分民俗活动仍在继续。

村落人口的流动为村落带来许多现代文化元素，也正是多元的现代文化元素的渗入，使村民对传统民俗的认同逐渐降低。新农村文化建设培养和激励"本土艺术家"，将"送"文化变为"种"文化，保护和传承传统民俗文化的同时，激发乡村自身的文化活力，以使具有特色的民俗文化资源得到合理利用。

三、文化回归

随着城市的迅速扩张，先进的现代文化不断渗入村落，但其难以和村落传统文化快速融合，在全民热捧的城市化浪潮面前，传统文化的危机不断浮现：村落留不住人、土地养不起人、村民找不到归属感。地域文化的淡化，所谓的"村落"不再是曾经的故乡，变成了毫无生机的"空心村"。人没有了精神如同失去灵魂，乡村也是如此。最可悲的是，村落传统文化随着社会新理念、新生活习惯的改变逐渐弱化，优秀的传统文化遭受破坏，传统文化整体呈现出一片萧条。

（一）文化传承出现断裂

时代发展的过程是从礼俗社会向理法社会转型的过程，随之转变的是人们的思想观念和生活方式。如果在文化转型的过程中，新旧文化没有完美衔接，传统文化和民族精神的传承可能将面临断裂，甚至会危及传统文化根脉。[1]

现代文化在一定程度上摒除了传统文化中封建落后的传统民俗、迷信愚昧等糟粕元素，对传统文化进行了重新洗礼，为传统村落文化输入了新鲜血液，同时加快了农民思想观念的转变，促进了传统村落的顺利转型。

（二）留住乡愁，文化回归

阮仪三在叙述护城之路时说道："乡愁是人们对故乡里人与人之间相处的物质空间环境的记忆。"[2]梁漱溟也曾提出："中国文化以乡村为本，以乡村为重，所以中国文化的根就是乡村。"[3]随着村落文化向城市现代文化的转变，村落文化的"根"与"魂"也随之淡化，因此，留住乡村的味道，守住乡愁，关键在于保护乡愁的载体。在美丽乡村建设过程中，政府坚决保护具有文化价值的传统村落和古建筑，不能为了满足现代化需求而拆除古老的"文化遗产"，村落

① 赵建军，胡春立. 美丽中国视野下的乡村文化重塑[J]. 中国特色社会主义研究，2016（6）：49-53.
② 阮仪三. 护城纪实[M]. 北京：中国建筑工业出版社，2003：13-15.
③ 梁漱溟. 乡村建设理论[M]. 上海：上海人民出版社，2011：49-52.

环境治理要突出乡村特色、地域特征和民族特点，保存乡村记忆的重要场所和载体。

马歇尔·萨林斯（Marshall Sahlins）提出："文化在探询如何去理解它时随之消失，接着又会以从未想象过的方式重新出来。"[1]要留住村落文化传承载体，首先要留住乡愁，保留村落的"原汁原味"，保留村落特色的风格风貌；其次要完善公共空间建设，包括宗祠、庙宇、戏台等传承村落文化精神的空间，恢复宗族活动、民俗表演等传承村落文化精神的媒介；最后要留住村落文化的传承载体，要让在外务工的农民回归乡村，让城市人领略乡村的人文与自然风采，提高农民对家乡的自豪感。

第三节　审美层次的提升

美是人们对客观事物产生的心理感知，虽然这种心理感知不可改变，但人们对美的鉴赏能力可以经过学习来提高。审美是人们的客观心理活动，受文化结构、地域环境、民俗民情、思想观念、生活习惯等因素的影响，从而可以改变人们的审美倾向。

传统村落的美，不仅是视觉的美，还包含了听觉、嗅觉、味觉等主观因素，将主观因素与理念、科技等客观因素融合一起，形成一个完整的审美系统，将人与自然的相互依赖、和谐共处作为审美的最高理想。[2]

一、环境美

新农村建设中，审美的变化对乡村环境的风格影响很大，尤其是在外来文化对本土传统文化的冲击下，村落环境发生了改变。人们审美标准的差异性较大，村民根据喜好自筹自建，乡村住宅的建筑风格变得迥异，属于乡村独有的环境氛围被打破。再者，村落管理者缺乏环境管理的意识，导致村落环境脏、乱、差。

2013 年，农业部启动"美丽乡村"创建活动，推进生态人居、生态环境、生态经济和生态文化建设，创建宜居、宜业、宜游的"美丽乡村"[3]。柳兰芳提出，"美丽乡村"建设中蕴含着深刻的生态意蕴，是以生态现代化建构出的一条现代化与环境友好、协调、和谐之路。[4]美丽乡村的"美丽"表现在生态环境美、社会

---

① 马歇尔·萨林斯. 文化与实践理性[M]. 赵丙祥，译. 上海：上海人民出版社，2002：164-166.

② 郭文萍. 论云南古建筑的设计审美[J]. 科技经济市场，2014（11）：110.

③ 农业部办公厅关于开展"美丽乡村"创建活动的意见[EB/OL]. http://www.moa.gov.cn/gk/tzgg_1/tz/201302/t20130222_3223999.htm.

④ 柳兰芳. 从"美丽乡村"到"美丽中国"——解析"美丽乡村"的生态意蕴[J]. 理论月刊，2013（9）：165-168.

环境美、人文环境美、布局美和体制机制美等方面。国务院研究室副主任李炳坤对美丽乡村建设与经济发展调研后指出，"再用5年时间，一个山美水美环境美、吃美住美生活美、穿美话美心灵美的中国最美乡村就会出现"[①]。

在经历"新农村""美丽乡村"两个时期的建设后，传统村落以一种全新的、生态的、自然的、清新的形象成为人们心中放松、漫步、舒适的代名词。

二、民俗美

（一）集体记忆

法国社会学家莫里斯·哈布瓦赫（Maurice Halbwachs）指出，"一个特定社会群体之成员共享往事的过程和结果，保证集体记忆的传承的条件是社会交往及群体意识需要提取该记忆的延续性"[②]。集体记忆是将单一个体联系在一起成为传承共同文化传统的群体，是对过去记忆的重构和对历史变迁、延续、保护的连续性探讨。

传统村落的集体记忆承载着文化传统和乡愁情感，具有文化规约、社会认同、心理安慰与心灵净化的功能。[③]但随着村落人口的流出和外来人口的流入，传统村落与外界的交流逐渐增多，乡村集体记忆面临着较大冲击。

集体记忆构建了一个族群的共同意识和社会认同[④]，因此重拾集体记忆不是简单地回忆原型，而是通过对场景的回忆构建新的逻辑，并赋予其新的理念，强化集体仪式在人们心中的记忆，如传统节日、民俗活动、庆典仪式、场所记忆等，体现出人们对村落精神的信仰和传承。

（二）符号记忆

符号记忆是人类从心理情感和符号象征层面对乡村所产生的特殊情感。符号记忆形成后具有特定的标志性或象征性，最为显著地体现在人通过节庆、习俗、仪式、建筑等符号唤醒对某种文化习俗的记忆和情感。节庆、习俗和事件将时间、空间和记忆连接起来进行重构和再生产，成为地方文化身份的符号特征；宗祠、庙宇等具有象征性的空间场所和祭祀、节庆等仪式活动共同构成乡村符号的记忆

---

① 安吉的"中国美丽乡村"建设[EB/OL]. https://epaper.gmw.cn/gmrb/html/2009-07/22/nw.D110000gmrb_20090722_6-01.htm?div=-1

② 莫里斯·哈布瓦赫. 论集体记忆[M]. 毕然，郭金华，译. 上海：上海人民出版社，2002：96-97.

③ 汪芳，吕舟，张兵，等. 迁移中的记忆与乡愁：城乡记忆的演变机制和空间逻辑[J]. 地理研究，2017，36（1）：3-25.

④ 魏佳佳，王梦林. 论集体记忆在传统村落延续中的作用[J]. 现代装饰（理论），2016（2）：284-285.

中心。

习近平总书记强调："农村是我国传统文明的发源地，乡土文化的根不能断，农村不能成为荒芜的农村、留守的农村、记忆中的故园。"[①]段义孚认为，乡土应该有它的地标，它可能是可见度和公众特征很高的景观，例如纪念碑、圣地、神圣化的场所等。这些可见的符号或标记提高了人们的认同感，也鼓舞了对地方的警觉与忠贞。[②]比如婺源县的篁岭村，已经从破旧的小山村变成了美丽乡村的典范，"篁岭晒秋"也成为婺源的乡村符号。

三、意境美

在经历了新农村、美丽乡村两个时期的乡村建设后，传统村落所扮演的角色发生了显著变化。新农村建设以前，传统村落的土地主要作为生产资料满足人们的温饱。现在的村落对人们的生活有了新的意义，乡村旅游、生态农业、观光农业等新的乡村产业迅速崛起，人们在乡村中找到了与城市截然不同的生活方式，这种不同在于乡村与自然的联系更为紧密，人们在乡村中时时刻刻感受着自然的气息，切身地感受到人与土地之间的联系，这种联系使乡村生活散发着意境般的诗意。

城市生活一直是人们所向往的，在城市带给人们便利的同时，交通的拥堵、环境的恶化、紧张、压力和忙碌等问题也随之而来。乡村营造出的诗与远方的美好意境，满足了人们对意境美、朦胧美等精神层面的追求，给予了人们精神的慰藉，人们在节假日选择到乡村体验生活，甚至有部分人选择在乡村创业或定居，感受与城市生活截然不同的乡村生活。

第四节　生态宜居的评估

生态宜居是将生态和宜居两个理念相融合，按照自然生态的生长规律和"以人为本"的原则，运用可持续的规划管理模式构建一个"舒适、健康、文明、高能效、高自然度的、人与自然和谐以及人与人和谐共处的生活环境"[③]。生态宜居村落的构建须满足以下基本条件：清新的空气、纯净的水源、干净的环境、便利的设施等。生态宜居的核心是"人"，人既是乡村建设的建设者、参与者，也

---

① 习近平：建设美丽乡村 撸起袖子加油干[EB/OL]. http://news.cctv.com/2017/02/28/ARTI4YhHZTSsgi6OvCSkeZIP170228.shtml.
② 段义孚. 恋地情结[M]. 志丞，刘苏，译. 北京：商务印书馆，2019：351-352.
③ 蒋慧鸢，年福华. 苏州市生态宜居社区评价指标体系研究[J]. 资源节约与环保，2014（3）：162-163.

是生态宜居的管理者、感受者，满足人的需求是乡村生态宜居建设的基本要求。

2018年，中共中央、国务院印发《乡村振兴战略规划（2018—2022年）》明确了今后五年的重点任务，提出了22项具体指标，其中约束性指标3项、预期性指标19项，首次建立了乡村振兴指标体系。[①]乡村振兴指标体系是引导村庄宜居建设的重要指南，其目的是提升村庄生态宜居标准，促进乡村生态宜居状态可持续，应坚持以下几项原则。

1）生态优先原则。村落作为人类发展史上存在时间最长的区域，各种活动都受到自然环境的影响和制约，良好的生态环境是人类健康生活的前提，也是确保村落可持续发展的先决条件，因此乡村生态宜居度评价指标体系要体现村落的生态环境。

2）宜居舒适性原则。人是村庄生态宜居的享有者，村庄生态宜居评估的目的是通过对村庄现状的评估，全面了解村庄存在的问题，弥补村庄的不足，增强人们生活的舒服度、便利度、愉悦度，因此乡村生态宜居度评价指标体系要体现村庄的宜居舒适度。

3）科学性原则。乡村生态宜居度评价指标体系既要能够反映村庄生态环境、经济发展、人文环境等，还要能够协调类别内其他要素，因此在选取指标时，要选择能够科学全面地描述村庄环境各个方面的指标，使所建立的指标体系能够形成一个系统的、有机的整体。

4）层次性原则。在进行指标体系选取时，要遵循从大到小逐层选取的原则，首先，要明确评价目标的概念。从经济发展、生态环境、资源利用、生活便利、社会和谐与稳定五个方面来衡量，这是指标体系的第一级。其次，将经济发展进行分解，可以从村庄收入和支出两个方面进行细化。因此村庄经济的持续发展可以用产业兴旺度和生活富裕度来表述。以此类推，生态环境可以从生态、人文和卫生的角度来表述，资源利用可以从土地、能源节约率、水资源节约率和材料节约率来表述，生活便利度可从村庄基础设施、商业服务设施、教育文化体育服务设施、医疗服务设施、交通服务设施等的普及率来表述，而社会和谐度可以从管理与服务、公共安全方面来表述，这是评价指标体系的第二级。最后，第三级以第二级为基础再进一步细化，用具体的指标、维度来衡量。

5）区域针对性原则。虽然村庄生态宜居建设的最终目的是一致的，但由于村落类别及地域的特殊性，不同类型和不同地域的村庄的评价指标也略有不同。

根据国内外关于村镇宜居评价指标体系的研究，结合我国生态文明建设、新型城镇化、社会主义新农村、美丽乡村建设、乡村振兴战略的要求，充分考虑样

① 中华人民共和国中央人民政府. 乡村振兴战略规划首次建立乡村振兴指标体系[EB/OL]. http://www.gov.cn/zhengce/2018-09/29/content_5326823.htm.

本村庄的气候特征、地域特征等，本书提出了村庄生态宜居应具备经济持续度、环境友好度、资源节约度、生活便利度、社会和谐度五个方面的特征。

一、经济持续度

产业兴旺是经济建设的核心，乡村振兴对产业兴旺的内在要求是产业结构合理，农民投入增长和科技助推生产。①乡村振兴评价指标体系中，一级指标（产业兴旺）有 7 个二级指标：村民对农业基础设施满意率，第二、三产业收入占村民总收入比重，农业机械化比重，村民参加农村专业合作经济组织比重，特色优势农产品比重，小农生产和现代农业融合率，农产品出口率（表 3-4）。

表 3-4 产业兴旺评价指标体系表   单位：%

一级指标	一级指标权重	二级指标	二级指标权重	2020 年	2035 年	2050 年
产业兴旺	22	村民对农业基础设施满意率	4	65	80	95
		第二、三产业收入占村民总收入比重	4	20	35	50
		农业机械化比重	2	40	58	80
		村民参加农村专业合作经济组织比重	3	45	65	80
		特色优势农产品比重	4	35	50	65
		小农生产和现代农业融合率	3	20	35	60
		农产品出口率	2	5	10	15

资料来源：郑家琪，杨同毅. 乡村振兴评价指标体系的构建[J]. 农村经济与科技，2018，29（17）：38-40.

"村民对农业基础设施满意率"反映生产效率的改善和生产技术的进步，"第二、三产业收入占村民总收入比重"反映村落产业结构调整的现状和农村劳动力就业转移情况，"村民参加农村专业合作经济组织比重"反映村民参加经济组织的程度，"特色优势农产品比重"反映农业产业化水平，"小农生产和现代农业融合率"和"农业机械化比重"反映农业现代化程度和农村机械化水平。

目前，传统村落的主要经济来源仍然依赖地方政府的投资，因此村民对农业基础设施的满意率体现政府对农村的投资情况。随着第二、三产业收入占村民总收入比重越来越高，村民从事非农业生产的比例增大，乡村产业呈现多元化发展态势。农业机械化比重主要体现在生产技术和工具现代化、精细化程度上，所占比例越高，表示农业生产效率越高。村民参加农村专业合作经济组织比重与小农生产和现代农业融合率则体现乡村经营方式的现代化程度。特色优势农产品比重

---

① 郑家琪，杨同毅. 乡村振兴评价指标体系的构建[J]. 农村经济与科技，2018，29（17）：38-40.

是评价乡村第一产业结构的重要因素，村落的特色优势农产品比重越高，则表示该农产品更易于在市场竞争中取得强有力的优势，从而增强产业竞争力。

生活富裕既是乡村振兴的根本，也是实现全体人民共同富裕的必然要求。生活富裕是当前阶段实现共同富裕的基本形式，共同富裕是乡村生活富裕的目标导向和价值追求。[①]生活富裕评价指标体系的一级指标（生活富裕）设置了 5 个二级指标：村民可支配收入、恩格尔系数、人均住房面积、村民对子女教育的满意度、村民对医疗保障的满意度等（表 3-5）。其中，村民可支配收入直接反映村民生活富裕状况，是衡量村民富裕度的最重要指标。恩格尔系数反映村民的生活质量和生活水平。恩格尔系数是指食品支出总额占家庭消费支出总额的比重，家庭收入越高，用来购买食物的支出占比越小，因此，恩格尔系数越低越好。调查发现，箬竹村的家庭支出主要用于住房及教育，分别占 43% 和 22%，食品支出仅占 8%。人均住房面积反映农户的居住情况，村民对子女教育的满意度和村民对医疗保障的满意度反映村落教育、医疗保障制度的建立情况。村民对子女教育的满意度越高，说明农村教育水平越高，村民的幸福指数越高。村民对医疗保障的满意度包括村民对新农合制度、医疗费的承受能力等方面的满意程度。

表 3-5　生活富裕评价指标体系表

一级指标	一级指标权重/%	二级指标	二级指标权重/%	2020 年	2035 年	2050 年
生活富裕	21	村民可支配收入/元	5	16 000	35 000	65 000
		恩格尔系数/%	4	40	34	30
		人均住房面积/平方米	4	42	48	55
		村民对子女教育的满意度/%	4	80	88	95
		村民对医疗保障的满意度/%	4	75	88	95

资料来源：郑家琪，杨同毅. 乡村振兴评价指标体系的构建[J]. 农村经济与科技，2018，29（17）：38-40.

村镇宜居（经济持续度）评价指标体系在乡村振兴评价指标体系的基础上，从不同角度对一级指标进行了细化，总结出 4 个二级指标和 10 个三级指标（表 3-6）。乡村经济是村庄发展的基石，宜居的村庄应该具备适宜的乡村经济体系，从地方政府的财政扶持、经济结构的自给性，到村庄（村民）的消费水平和生活保障设施等，乡村的经济持续度是衡量一个村庄是否符合生态宜居村庄的首要标准。

---

① 生活富裕是乡村振兴的根本[EB/OL]. http://www.gszy.gov.cn/xwzx/shxw/content_28322.

表 3-6 村镇宜居（经济持续度）评价指标体系表

一级指标	二级指标	三级指标
经济持续度	地方财政可持续投资	生态环境改善投资
		基础设施投资
		户均农宅条件改善投资
	经济结构自给性	村民家庭人均纯收入
		当地就业比例
	居民消费水平	恩格尔系数
		人均住房建筑面积
	居民生活保障	享受低保的人口比例
		新型农村合作医疗参与率
		新型农村社会养老保险参与率

资料来源: 孙金颖, 焦燕, 王岩. 村镇宜居社区评价指标体系框架研究[J]. 建筑经济, 2015, 36(12): 107-110.

经济持续度是指村庄具有较强的经济自给自足性。村庄开展新农村建设能够获得地方政府的财政支持，同时村庄自身具备多元化、多渠道的资金筹措能力。当村庄具备一定的消费能力、良好的医疗保障、教育培养和贫困救助体系时，才能真正解决村民的生活需求，才能摆脱贫困状况。

以箬竹村为例，地方政府针对箬竹村建设，设立了保护专项资金，用于古村内重要历史建筑的修缮整治，完善古村内的生活设施，提高村民生活质量。对于需要搬离历史建筑的村民，给予贷款利率优惠、异地补偿等措施。

《箬竹村中国传统村落保护规划》实施保障措施章节提到经济措施，主要涉及对历史建筑保护资金的募集和应用，以及引导历史建筑主人的经济行为，其措施主要有以下几条。

1）充分利用各级政府拨款、社会赞助、村民自筹款等设立保护专项资金，用于古村内重要历史建筑的修缮整治，完善古村内的生活设施，提高村民生活质量，对保护工作有突出贡献的单位和个人进行奖励。

2）对古村开发建设中符合保护规划范畴的开发主体给予贷款利率优惠、异地补偿等措施。

3）针对居住人口密度较大的古村以及重要历史建筑、街道的保护与整治，设立专门的低利率贷款。

4）尽量考虑保留老住户。对居住在历史建筑内且有经济来源的村民，鼓励自己维修，政府进行补贴；对无力自修的村民，政府考虑收购或置换房产，使人口外迁。

5）按照保护、利用、效益的原则，走市场发展之路，鼓励吸收社会投资。

箔竹景区的开发主要涉及政府、公司、农户三方相关利益者。根据箔竹村的乡村发展理念、地区经济发展、乡村产业融合的要求，箔竹村在发展村庄经济上采用了"农旅双链"模式。

1. 利益机制

1）旅游产业链条。旅游业在实现城镇经济跨越式发展、拉动当地经济增长中有着重要地位，积极发挥地方特色资源优势，将旅游业作为乡村振兴的重要途径，重点扶持，优先发展。

2）农业产业链条。农业产业化是解决当前一系列制约农业和乡村经济发展深层次矛盾的必然选择，是实现农业现代化的必由之路，是农业结构调整和农民增收的重要带动力量。箔竹景区是基于古村落、民俗活动以及村落周边梯田景观等进行的旅游开发。

箔竹景区实行"农旅双链"模式的独特之处是以旅游开发吸引人气为起点，借助每年大量游客的无形品牌宣传，倾力打造休闲度假、民宿度假、苗木花卉、果蔬土产、野果产品等品牌，将旅游地变成产地，农民跳出农家乐及采摘的单调模式，走入作坊工厂，成为品牌苗木、果蔬、土产、野果产品生产和加工的生力军，最终实现旅游、现代农业互相促进和共同发展的联动效应（图3-1）。

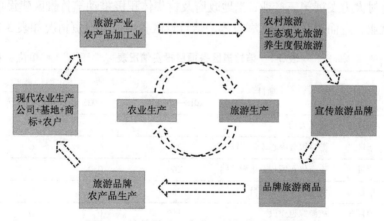

图 3-1　箔竹景区"农旅双链"模式示意图

箔竹景区"农旅双链"模式采用"一投资、二经营、三受益"的运营方式，具体如下。

"一投资"是指主要由开发商投资项目，当地政府依据相关政策给予适当贴息贷款和财政补贴。

"二经营"是指开发商在运作过程中，要设立两个法人公司来分别管理旅游和农业项目。一方面，景区通过一系列旅游项目的开发提高自身知名度和吸引力，带动旅游收益的增加，旅游收益的增加又可进一步加强景区管理、环境保护等，从而使得景区形成良性运转。另一方面，农产品和苗木生产加工公司应大力发展品牌农林业及加工业。通过研发部门研究和引进适合本地种植的农产品、苗木和种植技术，带动农户栽种新品种。由市场部门收购本地区的农产品进行深加工并向全国销售，形成以龙头企业带动型为主的"公司＋基地＋商标＋农户"的农林业发展模式。简言之，"一块地，两种经营方式"。

"三受益"即指政府、企业和农民均能通过"农旅双链"模式受益。旅游的发展、游客量的剧增能够进一步促进农业和林业的产业化发展，从而旅游企业和农林企业都能从中获得收益。政府除了税收的增长外，在农村脱贫致富工作上也创下新篇章。农民摆脱了传统农业的束缚，拓宽了就业渠道，增加了经济收入。

箔竹旅游开发有限公司负责对箔竹村旅游业进行管理，包括建设旅游基础设施、旅游项目的招商引资和宣传促销工作。村委会或相关集体负责成立果蔬、苗木、土特产品销售公司，把从事果蔬、苗木、土特产品的农户和合作经济者组织起来，互相分享科技信息，统一配置生产资料，推进标准化生产，开拓市场，统一协调农产品价格。

2. 投资机制

箔竹村大力发展第三产业，当地政府及村集体积极推动箔竹景区建设项目，促进村民就业，进而提升村民家庭收入。箔竹景区各项目的投资情况如表 3-7 所示。

表 3-7　箔竹景区各项目投资情况表　　　　　　　　　单位：万元

分区	项目	子项目	分期			总投资额
			2016—2020 年	2021—2025 年	2026—2030 年	
五木溪水运动观光区	项目一	景区大门	50	0	0	50
	项目二	游客服务中心（含广场）	240	0	0	240
	项目三	生态停车场+3A 旅游公厕	200	0	0	200
	项目四	河道亲水景观项目	300	0	0	300
	项目五	旅游绿道建设	150	0	0	150
	项目六	田野景观打造	200	0	0	200
	项目七	乐天亲水景观项目	100	0	0	100
	项目八	飞瀑一线天	300	0	0	300
	项目九	三泉映古桥	100	0	0	100
	项目十	景区古驿道	30	0	0	30
其他费用		不可预见费用	50	20	10	80
		合计	1720	20	10	1750

续表

分区	项目	子项目	分期			总投资额
			2016—2020 年	2021—2025 年	2026—2030 年	
古村落民宿康养区	项目一	竹文化主题园	0	100	100	200
	项目二	郑氏风云人物榜	10	0	0	10
	项目三	乡村主题民宿	100	0	0	100
	项目四	百家坊	20	0	0	20
	项目五	彩色景观	100	100	0	200
	项目六	古村寻韵	50	0	0	50
	项目七	古村古戏台	20	0	0	20
	项目八	森林拓展项目	0	100	50	150
	其他费用	不可预见费用	20	10	10	40
		合计	320	310	160	790
茶文化体验区	项目一	茶文化体验项目+旅游公厕	100	150		250
	项目二	乡村特色民宿改造	60	60	0	120
	项目三	乡村乐园	20	0	0	20
	项目四	竹海世界	0	50	50	100
	项目五	智慧农业	50	0	0	50
	其他费用	不可预见费用	20	20	10	50
		合计	250	280	60	590
山野休闲度假区	项目一	下山生态停车场	300	0	0	300
	项目二	农事体验类作坊	200	100	0	300
	项目三	下山殿秘境养生馆	0	0	500	500
	项目四	秋月浮萍水上休闲广场	0	0	100	100
	项目五	云中亭观景台	500			500
	项目六	旅游公厕+3A 旅游厕所	100	400	0	500
	项目七	植被景观改造提升	0	500	500	1000
	其他费用	不可预见费用	100	1000	2000	3100
		合计	1200	2000	3 100	6300
其他费用	项目一	旅游设施（含基础设施）	300	100	100	500
	项目二	公共道路建设及配套设施	800	0	0	800
	项目三	公共桥梁建设费用	130	0	0	130
	项目四	洞上拆迁征地费	50	0	0	50

续表

分区	项目	子项目	分期			总投资额
			2016—2020 年	2021—2025 年	2026—2030 年	
其他费用	项目五	洞上拆迁房子补偿费	80	0		80
	项目六	村庄内部水系整修	50	0	0	50
	项目七	村庄内部绿化	30	0	0	30
	项目八	彩色农业土地流转费	30	0	0	30
	项目九	给排水工程	500	500	0	1000
	项目十	电力电信工程	150	100	50	300
	项目十一	生态保护工程	150	100	50	300
	项目十二	推广营销工程	100	100	100	300
	其他费用	不可预见费	100	100	100	300
	合计		2470	1000	400	3870

资料来源：《修水箔竹景区旅游发展规划（2016—2030）》

根据箔竹景区各项目的投资估算，预计全区总投资额为 23 100 万元，其中，近期（2016—2020 年）投资总额为 5760 万元，中期（2021—2025 年）投资总额为 3610 万元，远期（2026—2030 年）投资总额为 13 730 万元（表 3-8）。

表 3-8　箔竹景区总投资估算表　　　　单位：万元

分区	总投资	分期投资		
		2016—2020 年	2021—2025 年	2026—2030 年
五木溪水运动观光区	1750	1720	20	10
古村落民宿康养区	790	320	310	160
茶文化体验区	590	250	280	60
山野休闲度假区	16 100	1000	2000	13 100
其他费用	3870	2470	1000	400
总计	23 100	5760	3610	13 730

资料来源：《修水箔竹景区旅游发展规划（2016—2030）》

随着箔竹景区的建设、完善和成熟，旅游收入随之提高。以 2015 年接待旅游者 8 万人次、综合收入 80 万元为基准,设定近期游客人数每年的增速分别为 10%、20%、50%、100%、60%，中期每年的增速为 10%，远期每年的增速为 5%，则至 2020 年、2025 年、2030 年，箔竹景区的接待人数分别为 50.69 万人次、81.64 万人次、104.20 万人次。假定三个规划期的人均消费分别为 100 元、150 元、200 元，则旅游综合收入分别为 1.2 亿元、5.1 亿元、9.5 亿元（表 3-9—表 3-12）。

表 3-9　箔竹景区近期旅游市场接待规模情况表　　　　单位：万人次

年份	2016 年	2017 年	2018 年	2019 年	2020 年	合计
旅游接待人次	8.8	10.56	15.84	31.68	50.69	117.57

注：此表数据均为预测数据

资料来源：《修水箔竹景区旅游发展规划（2016—2030）》

表 3-10　箔竹景区中期旅游市场接待规模情况表　　　　单位：万人次

年份	2021 年	2022 年	2023 年	2024 年	2025 年	合计
旅游接待人次	55.76	61.34	67.47	74.22	81.64	340.43

注：2023—2025 年为预测数据

资料来源：《修水箔竹景区旅游发展规划（2016—2030）》

表 3-11　箔竹景区远期旅游市场接待规模预测表　　　　单位：万人次

年份	2026 年	2027 年	2028 年	2029 年	2030 年	合计
旅游接待人次	85.72	90.01	94.51	99.24	104.20	473.68

资料来源：《修水箔竹景区旅游发展规划（2016—2030）》

表 3-12　箔竹景区规划内三期旅游收入预测表

阶段	旅游总人数/万人次	人均消费/元	收入总额/亿元
近期	117.57	100	1.2
中期	340.43	150	5.1
远期	473.68	200	9.5

资料来源：《修水箔竹景区旅游发展规划（2016—2030）》

旅游业创造的经济效益主要表现在提供就业岗位、改善投资环境等方面。预计到 2030 年，箔竹景区可直接增加 500 个就业岗位，按 1：5 的拉动效益系数计算，则可增加 2500 个间接就业岗位。旅游业对箔竹村其他相关产业的推动作用系数如按 3 计算，到 2030 年，则将达到 30 亿元人民币。

二、环境友好度

随着美丽乡村建设的不断发展，乡村经济实力得到明显提高，但在乡村建设过程中出现了环境质量下降、破坏自然生态等问题，乡村居住环境面临着较大压力。而传统村落呈现出不同于其他类型村落的人居环境问题，如无序高强度开发建设，大量农耕土地、原始林地被侵占等。

宜居村镇是指既要考虑村庄人文的可持续发展，又要考虑乡村自然环境的可持续发展。因此，建设宜居的村镇，需在保护村庄人文生态系统的基础上，加强村落人居环境的建设。

生态宜居评价指标体系中，一级指标（生态宜居）占21%权重，该一级指标共有5个二级指标：农户饮用清洁水比重、农户使用卫生厕所比重、垃圾处理率、绿色生态农产品比重、乡村河流水质标准（参照我国水质分类：Ⅰ、Ⅱ、Ⅲ、Ⅳ、Ⅴ和劣Ⅴ）（表3-13）。计划2020—2050年，乡村生态宜居指数整体以1%—3%趋势上升。

表 3-13　生态宜居评价指标体系表　　　　　　　单位：%

一级指标	一级指标权重	二级指标	二级指标权重	2020 年	2035 年	2050 年
生态宜居	21	农户饮用清洁水比重	5	80	93	98
		农户使用卫生厕所比重	4	45	65	85
		垃圾处理率	4	50	70	90
		绿色生态农产品比重	4	12	30	50
		乡村河流水质标准（参照我国水质分类：Ⅰ、Ⅱ、Ⅲ、Ⅳ、Ⅴ和劣Ⅴ）	4	Ⅲ	Ⅱ	Ⅰ

资料来源：郑家琪，杨同毅. 乡村振兴评价指标体系的构建[J]. 农村经济与科技，2018，29（17）：38-40.

农户饮用清洁水比重在二级指标中占的权重最大，因为饮用水清洁度不仅涉及乡村水资源环境问题，更关乎村民的健康安全问题。《地表水环境质量标准》（GB 3838—2002）将我国地面水分为五大类：Ⅰ类主要适用于源头水、国家自然保护区；Ⅱ类主要适用于集中式生活饮用水地表水源一级保护区、珍稀水生生物栖息地、鱼虾类产卵场、仔稚幼鱼的索饵场等；Ⅲ类主要适用于集中式生活饮用水地表水源二级保护区、鱼虾类越冬场、洄游通道、水产养殖区等渔业水域及游泳区；Ⅳ类主要适用于一般工业用水区及人体非直接接触的娱乐用水区；Ⅴ类主要适用于农业用水区及一般景观要求水域。超过五类水质标准的水基本无使用功能，村落饮用水的水质最低应达到Ⅲ类水质标准。因此，乡村振兴评价指标中，该项设置的权重是最高的。农户使用卫生厕所比重和垃圾处理率都反映村庄的卫生状况，且可控性较大。卫生厕所比重高，说明乡村的卫生水平高，村民的舒适度和幸福感较高；垃圾处理率高，说明乡村环境受污染小。绿色生态农产品比重代表村庄对畜牧等农家肥的循环利用水平。乡村河流水质标准对村民生活生产具有重要影响，如果水质标准低，将对种植业、养殖业和村民生活造成不利影响。

生态宜居是村落生态建设的重点，习近平总书记提出："绿水青山就是金山银山。"①保护绿水青山的同时还要兼顾发展村落的卫生事业和美化村容村貌。在生态宜居方面设置的 5 个二级指标中，垃圾处理率反映村落卫生状况，农户使用卫生厕所比重反映我国"厕所革命"的建设成果，农户饮用清洁水比重反映村落清洁能源使用状况，乡村河流水质标准反映村落对生态环境的保护程度和农户生活品质情况。

村镇宜居（环境友好度）评价指标体系不仅将村庄的生态环境、卫生环境作为衡量村庄环境的指标，同时也将村庄的人文环境纳入衡量标准（表 3-14）。检验村庄生态环境是否符合宜居标准，不止看村庄饮用水、河流水水质是否达标，更对村庄全年的空气质量、环境噪声、土壤肥力及村庄绿化率有严格要求。

表 3-14　村镇宜居（环境友好度）评价指标体系表

一级指标	二级指标	三级指标
环境友好度	生态环境	当地饮用水水质达标率
		农田灌溉用水的水质
		村庄全年空气质量达到二级标准的天数
		居住区环境噪声
		土壤肥力
		村庄绿化率
	人文环境	村落规划布局合理性
		建筑设计体现地方特色文化
		文物、古民居保护措施
		当地特色文化活动
	卫生环境	垃圾分类收集率
		垃圾集中收集率

资料来源：孙金颖，焦燕，王岩. 村镇宜居社区评价指标体系框架研究[J]. 建筑经济，2015，36（12）：107-110.

环境友好是指村镇社区具备良好的环境，具体包括生态环境、人文环境、卫生环境。生态环境主要是指水、空气、土壤、声环境等方面，其中水质要满足饮用水的要求，空气要满足宜居的标准，土壤要具有肥力，噪声的水平要符合声环境的标准。景观环境要符合绿色生态，尊重原始风貌，建筑设计要符合当地的特色。卫生环境主要是指垃圾集中处理、分类处理的水平。

---

① 百年瞬间：习近平首次提出"绿水青山就是金山银山"[EB/OL]. https://baijiahao.baidu.com/s?id=17081643 79580268138&wfr=spider&for=pc.

另外，在村镇宜居评价体系中，附加一项加分项（表 3-15），其中包含生态修复、垃圾就地处理率、畜禽废物集中处理率、其他可再生能源利用率、就地化污水处理设施普及率。这充分表明在村镇宜居评价中，村庄环境的优劣程度是考核村庄是否宜居的重要标准。

表 3-15　村镇宜居（加分项）评价指标体系表

一级指标	二级指标	三级指标
加分项	/	生态修复
		垃圾就地处理率
		畜禽废物集中处理率
		其他可再生能源利用率
		就地化污水处理设施普及率

资料来源：孙金颖，焦燕，王岩. 村镇宜居社区评价指标体系框架研究[J]. 建筑经济，2015，36（12）：107-110.

箬竹村位于海拔千米的眉毛山山脚东南隅，四面环山，不同海拔高度分布着不同的植被，生态环境优越，风景宜人。秀水河发自眉毛山顶端，以八卦之势环绕村庄顺流而下，河水清澈见底。古村建筑群依山而建，大小不一、高低有序、南北相称、左右呼应，错落有致。箬竹村四面环山，3000 亩梯田浑然天成，竹林茂密，森林覆盖率达 95% 以上，生态环境良好。箬竹村顺山势而建，高地和低地的土壤构造稍有差异，高处梯田的局部被古代阻挡水土流失的垒石破坏，易产生轻微水土流失，但也较易恢复。

当生态环境遭到破坏和污染，其作为旅游资源的价值也就不复存在了，因此对生态环境的保护就成为旅游事业可持续发展的首要保障。与此同时，为了避免旅游对环境的消极影响，一方面要控制污染源，限制破坏性建设、施工；另一方面要加强人工培育，以保护和提高生态滋养能力。

（一）自然环境维护措施

1. 森林植被维护措施

禁止会破坏山体环境的开发建设，公路修建、房屋建造等改变原有景观的行为，要统一规划、精心设计、科学施工，要与周围山地环境相互协调。严禁开采山石、毁林垦荒等破坏活动，保持山体林木风貌的整体性和观赏性。野生特产品开发后，要防止为寻求某几种食材，而使整个林地景观受到破坏的行为。

2. 生物多样性保护措施

严格执行《中华人民共和国森林法》《中华人民共和国野生动物保护法》，

坚决打击乱砍、滥捕乱杀、走私贩卖野生动物等违法活动。凡在景区内开发旅游项目，必须编制保护与开发相结合的规划，在区内设置生态环境保护展示室、宣传栏，在导游词中增加生态环境保护等科学内容。加强对森林资源的科学管理，合理利用森林资源，科学解决箔竹村村民使用土锅灶带来的薪柴问题。

3. 古树名树保护措施

加强对旅游景区内的珍稀树种、大树、古树的保护。箔竹村周边环境优美，古树众多。地方政府可以申请古树名木名号，严禁违法砍伐或者移植古树名木，严格保护好古树名木的原生地生长环境，设立保护标志，并进行挂牌宣传，加强保护设施，控制污染源。

古树是指具有百年以上树龄的树木；名木是指珍贵、稀有树木，具有历史价值及重要纪念意义的树木。箔竹村的古树名木以集中式呈现的古树林有 3 处，其他呈零散分布，树种包括古樟、枫树、野柿子树、古松、银杏等。

根据古树名木的树种特性、树冠大小及生长状况，制定保护措施，划定树冠以外 3—5 米或树干以外 8—15 米为保护范围，严禁砍伐焚烧古树名木。具体措施包括：①由修水县人民政府园林绿化行政主管部门为古村落范围内的古树名木建立档案和标志，划定保护范围，加强养护管理。②对古村落范围内的古树名木实行统一管理，分别养护。在单位管界内或者私人庭院内的古树名木，由该单位或者村民负责养护，县人民政府园林绿化行政主管部门负责监督和技术指导。③对村落内的所有古树名木进行拍照、挂牌、标明树名、学名、科属和负责单位。④做好古树名木的病虫害防治工作，为避免人为破坏，根据实际情况，可在古树名木周围加设护栏等防护设施。⑤禁止在古树名木上刻划、钉钉、缠绕绳索、攀缘折枝或借用树干搭棚作架等行为；禁止在树冠下堆放物料，挖坑取土，动用明火，排放烟气，倾倒有害树木的污水、污物；禁止在树冠外缘 5 米以内新建任何建筑物；禁止排放危害古树名木生长的废水、废气。有关单位或个人必须按照环境保护规定和园林行政主管部门的要求，在限期内采取措施，消除危害。

4. 人工培育景观

以增加森林资源、保护和改善生态环境为目标，加快绿化和植树造林工作。特别是通过种植马鞭草、鸡爪槭等景观植被，提高箔竹景区的景观美感。通过实施申报生态林保护工程，继续推进林权改革，进一步提高景区的环境质量，增强其生态滋养能力。

（二）控制村庄污染源

1）调控游客容量。科学计算景区游客容量，通过调低旅游旺季的高峰流量或引导分流等措施，避免游客过多对景区内森林、地质地貌、水体环境造成重大影响。

2）及时处理游客产生的污染物。第一，对机动车辆的进入进行限制，逐步推行电瓶车、太阳能车等环保交通工具，鼓励步行，以减少汽车尾气对环境造成的污染。第二，引导游客文明旅游，禁止乱扔垃圾的行为，及时处理景区内的垃圾。第三，在景区内游客集中的地方和游道上每隔一定距离安放分类垃圾箱，垃圾箱造型景观化。

3）村民生活垃圾的处理。第一，垃圾要及时处理，现有的生活垃圾处理点需要重新选址，避免影响整体景观、污染环境。第二，景区内应配备污水、粪便、垃圾等集中处理设施和器具，防止对环境特别是山下环境的破坏。第三，建立科学的垃圾箱搬运、清理体系，处理时间要避开游客游览时间。第四，处理废弃物要按照《文化娱乐场所卫生标准》（GB 9664—1996）、《饭馆（餐厅）卫生标准》（GB 16153—1996）等规范要求执行。

（三）加强人文资源保护

1. 保护古建筑的原始景观

箬竹村古建筑众多，有些已经坍塌，急需修复。古建筑的修复需严格执行我国颁布的《中华人民共和国文物保护法》，遵守"保护第一、开发第二""修旧如旧、修新如旧"的原则，保持文物古迹原来的建筑形式、结构特点，以及原有的材料、工艺和历史风貌；保护古建筑的整体环境；保护原有的空间尺度，尊重古建筑的历史变迁过程。地方政府需要与当地村民签订相关协议，凡是涉及改造旧房屋及改变原有景观的，必须上报予以批准，杜绝短期行为、长官意志、急功近利的现象出现。

箬竹村的建筑特色在赣西北村落建筑中独具一格，具有较高的建筑文化艺术价值，其特征体现在三个方面：第一，村落依山而建，高低错落有致，层次立体丰富，形成东西相衬、南北呼应的格局。箬竹村建筑的分布与道路走势既顺应地势呈阶梯式分布，又能合理引导风向调节村落小气候。第二，村落中的赣西北风格传统民居集中成片，格局保存完好。第三，屋顶采用了少有的歇山顶形式，用到了青砖、石材、夯土、木架等多种承重体系。第四，建筑技艺精湛，用料讲究，就地取材，做工精细，无处不在的坚固的麻石基础、防潮的木柱石基、精湛的木雕石雕，均体现了传统赣西北建筑文化的精粹。

（1）宗祠建筑

箬竹村古建筑群的布局以宗祠、祠堂为两级中心展开。郑氏宗祠和张家宗祠作为郑氏、张氏家族供奉祖先和祭祀的场所，是整个村落宗族的象征，是凝聚宗族团魂的场所。宗祠记录了家族的辉煌与传统，是家族的圣殿；祠堂主要体现村落发展脉络和宗族文化。

（2）居民建筑

箔竹村迄今已有 600 多年的历史，清代民居建筑保留至今的只有寥寥数栋，但主体结构留存较好。其余古构筑物是集古井、古桥、石墙、石阶、石砌河道等为一体的建筑宝库。古建筑艺术精湛，其中丰富多彩的木雕、砖雕、石雕等，无不体现了古人的匠人精神和劳动智慧，木结构的栏杆、屋顶排架竟然一颗铁钉也不用，全靠木榫接头，悬梁斗棚，雕梁画栋，令人赏心悦目、惊叹不已。

箔竹村的古建筑从空间布局到构筑方式、从物质到精神、从局部到整体都渗透着古人精湛的建造技术和劳动智慧，这也是传统村落古建筑的主要特点。同时，古建筑能够全面反映古代社会的经济、政治、文化等，具有重要价值。

2. 抢救古村的非物质文化遗产

加快挖掘、抢救、保护古村落的历史文化遗存。运用现代科技对老人的口述材料进行录像、录音等，并进行系统整理。除了对现有历史遗迹进行抢救和保护外，还要积极申报非物质文化遗产。

（1）民俗文化

箔竹村数百年悠久的历史，积淀了深厚的民俗文化。长龙拜年、元宵龙灯、马灯、观下山殿祈福、清明祭祖、唱采茶戏、耘禾打鼓歌等群众文艺演出，具有极大的现实意义，对村民来说，既丰富了精神文化生活，也加深了族人感情，还促进了村落和谐。

（2）戏曲文化

箔竹采茶戏是从民间歌舞发展起来的剧种，剧目多反映民众生活，有着浓厚的地方色彩和人情味。内容以反映男女爱情、悲欢离合、伦理道德和善恶报应的故事为多，用宁化方言演唱，唱词通俗易懂。

耘禾打鼓歌的表演内容几乎完全表现了当地劳动人民的劳作与日常生活，体现了村民质朴、勤劳的生活写照，蕴涵了几百年来当地生态、文化、生产、生活活动的精神内涵。

（3）宗族文化

箔竹村宗族文化历史悠久，汉唐时期，祖先自北南迁，宋元以后士族定居于此，立足建村、同姓聚居，编修族谱、修建宗祠。

（4）农耕文化

箔竹村现存大量的犁耧锄耙、镢镐镰锹、石磨、石碾、石臼、石井、石槽、陶器等农耕社会的生产工具。在深山区古村落，仍然有村民在使用着古老的生产生活用具，沿袭着古老的生产生活方式，这是活态的农耕文化。

（四）防灾减灾规划

建立防灾减灾体系，加强灾害应急处置和救灾保障能力，提高村庄的自然灾害监测预报能力及防灾抗灾能力，尤其是要避免水土流失、山洪、滑坡、塌方、泥石流、落石等自然灾害对游客和村民的不利影响，保护游客和村民安全。

1. 防灾体系建设

建立防灾体系的目的是提高村庄综合抗灾能力，有效保障村民的生命和财产安全。投入足量的经费建立景区减灾防灾管理机构和体系，设置专人、专门机构负责灾情预报、防灾规划、宣传教育、指挥协调、制度建立与执行、统计评估等工作，更好地管理村庄减灾防灾工作。建立景区综合减灾防灾工作体系，要做好"测""报""防""抗""救""援"六大工作环节，尤其是要加强预防预警工作，确保技术支持，制定综合减灾规划，完善减灾设计体系。

2. 地质灾害预防

箬竹景区涉及较多的沟谷、山体、台地，存在发生泥石流、滑坡、坍塌的可能性，因此为防止这些灾害的发生，需要做好水土保护，特别是梯田部分，需恢复垒石挡沙，防止水土流失加重。对修筑道路地段，尤其要做好水土保持工作。道路旁的局部山体需要安装拦石网。重点监测地质灾害易发区，加强重点防治工程建设，保障景区安全。建立定期巡查制度，尤其是对进山道路的两侧可能存在的落石等现象，进行预先处理，以防不测。

箬竹村危房改造。古村落内有众多房屋系土墙，部分已经坍塌。需要依据文化修护的原则，配合现代最新科技进行修复，防止暴雨、地震等自然灾害对其造成进一步的损害。

3. 抗震规划

景区系山地地形，一旦发生地震，危害巨大。在项目建设及运营中，应增强防范意识，在临震预报发布后或地震后，通过有效的组织，按规定的路线将人员安排到指定相对安全的地段，以避免可能出现的人员伤亡现象。遇到紧急情况，建立临时防震指挥部，指挥部和下设的疏散小组负责抗震指挥工作。预设抢险通道，规划绿地、广场等开阔地。

4. 病虫害防治规划

建立森林病虫害预测预报网络，景区内要有专职或兼职人员定期进行观察、预测，一旦发现问题，及时上报并采取适当措施及早控制和消除。

在景区维护建设中，对采购的外来木材、种苗和林副产品等进行严格检疫，以防引进新的病虫害。

景区林区内的病虫害防治宜多采用生物防治技术，慎重使用化学药剂。村落内的农业种植、果蔬种植要采用绿色无公害方法，保证食品原料的绿色化。

5. 森林防火规划

居民区防火。箔竹村的不少住房采用竹子、木头作为建筑材料、装饰材料，容易引发火灾，因此防火工作十分重要。第一，每栋建筑配备2支灭火器。第二，在建筑物维修时，应对竹木构件涂抹防火涂料，预防发生火灾。第三，对村民进行灭火知识培训，学会使用灭火器。第四，消防供水要到位，可借助已有池塘进行设计。第五，建筑物内不乱存放易燃易爆物品，经常检查照明设备的用电安全性。

林区防火。第一，做好宣传工作，严格控制各种火源，严禁游客在森林地区吸烟，加强野外用火管理，设置防火设施，并由专人负责管理。建立防火检查站，开展火险预报工作。第二，在旅游区内安放防火设施，以便能尽快扑灭突发的小型林火。第三，加强对村民和景区工作人员的法制教育，依法保护森林资源，对纵火者要依法处理，并将每次火灾发生的地点、时间、受害情况、案件处理过程等详细登记存档。第四，完善旅游区防火体系，包括监测系统、通信系统、林火阻隔系统、火源管理系统、林火扑救系统、组织指挥系统，实现火灾防控现代化、管理工作规范化、队伍建设专业化、扑救工作科学化。

6. 污水处理规划

目前，郑家、张家的给水以自取井水或泉水为主，污水排放没有规范，村民就近排入房前屋后，厕所污水也排放至自家的粪池，方便农田施肥所用。

改造每家的厨房和厕所的污水排水系统，污水统一排放收集，在村外围设计化粪池，统一处理。根据前期规划郑家的污水总量最大为160吨/天，张家的污水总量最大为90吨/天。

第一，采用砖、砂、碎石、水泥、土壤、水管材料构建化粪池、处理池、配水池、蓄水池等设施。第二，使用化粪池的分解、基质硝化反硝化作用、离子交换、植物吸收等原理，处理排泄物，促进庭院美化。处理效果：总氮、总磷的去除率在60%—97%。处理后的水质应达到污水排放一级标准。

7. 绿化美化规划

箔竹村绿化美化遵从"三季有花，四季可赏"的原则。

（1）面上绿化美化

原山体部分植被保留不动，只进行修复，以常绿树和彩叶树为主，如大片的野杨梅，既是常绿景观树，又是游客探秘采摘的好去处。除了果树、花卉外，其他山地绿化应以本地速生树种为主，采取针叶树和阔叶树相结合、落叶树与常绿树相结合、乔灌木与地被植物相结合的绿化方式,改善植物群落,丰富植物季相变化和林相变化;彩叶树有银杏、乌桕等。梯田以观赏性中药材为主,成片种植,如桔梗、牡丹、菊花等。

（2）线上绿化美化

在溪流、水潭等岸边,选择种植桃树、柳树等本地树种,配合种植水生鸢尾、水生美人蕉、旱伞、香蒲等湿生植物,美化水系景观,营造原生的溪流生态景观。

（3）点上绿化美化

村庄广场主要以落叶高大乔木为主景树,配以桂花、杨梅等常绿小乔木,点缀花灌木,再配置一点儿球灌木,地被以常绿小灌木为主,再点缀果树和彩叶树种。

三、资源节约度

新农村建设的核心问题,除了政策和体制因素外,说到底是资源与环境问题。建设环境友好型、资源节约型乡村是实现传统村落社会经济可持续发展的重要手段。[①]资源节约是指村落具备节约资源的条件,能够实现土地节约、能源节约、水资源节约和材料节约（表3-16）。土地节约主要评价村落布局和住宅建筑、规划指标等。住宅建筑节约主要考察建筑本体,住宅空间合理化、功能空间不浪费、建筑材料可利用等都是衡量建筑节约的标准。能源节约主要是指村落是否具备清洁能源、可再生能源以及是否采用节能措施。水资源节约主要指村落具备相关的节水措施,从源头上减少水资源的浪费,同时积极利用雨水等资源,实现水资源的充分利用。材料节约是指建筑施工时选择使用本地材料、可再生材料和废旧材料的频率。

表3-16 村镇宜居（资源节约度）评价指标体系表

一级指标	二级指标	三级指标
资源节约度	土地节约率	住宅层数
		集中规划布局
		住宅规划建设形式
	能源节约率	生物质能利用率
		太阳能利用率
	水资源节约率	雨水收集利用
		节水灌溉

① 刘荣志,孙好勤,邢可霞. 实施乡村清洁工程 建设资源节约与环境友好型新农村[J]. 农业经济问题,2007（12）：103-105.

续表

一级指标	二级指标	三级指标
资源节约度	材料节约率	采用本地材料
		可再生材料利用
		废旧材料利用

资料来源：孙金颖，焦燕，王岩. 村镇宜居社区评价指标体系框架研究[J]. 建筑经济，2015，36（12）：107-110.

（一）土地节约率

随着我国工业化和城镇化的发展，对土地的需求日益增加，但仍存在部分村落占用耕地用于住宅建设的情况。土地节约率与乡村规划和乡村土地利用有着直接的关系，通过限定住宅层数、住宅规划建设形式和村落集中规划布局的方式，可以提高村落土地节约率。

1. 集中规划布局

乡村地域广阔，资源丰富，生态系统保护良好，村落发展方向要避开主要的农田保护区，尽量少占耕地，应该充分利用荒坡地、废弃矿场等非农业用地作为新村发展用地。村落布局要集中紧凑，避免规划结构松散，要依托古村、旧村，由内向外建设，采用片区式建设，使每寸土地都得到有效利用，严禁出现脱离实际情况乱建或占而不建的现象。控制村落扩展边界，重点保护农地、湿地、林地等。

古村是宝贵的财富，是历史文脉和传统文化集中体现的场所，因此要重视保护，尽量减少拆迁，对失去居住功能的残破建筑进行改造时，要尊重历史，沿袭原来的风格。对旧建筑不要轻易拆除，对结构安全性较差或可加固的建筑物要进行改造并赋予新用途，使其物尽其用，减少建筑资源浪费，这些对节约资源有着重大意义。

2. 住宅层数

我国乡村大多住宅的占地面积较大，住宅虽然是私人资产，但实际上归村集体所有，大规模搭建小高层不仅违背村落的整体建设规划，更会造成资源的严重浪费。限定住宅层数，能有效地节约土地资源和其他资源。

3. 住宅规划建设形式

住宅建筑的形式不仅应考虑目前的建设条件，还应考虑箬竹村周边环境的远期发展。很多新建筑因没有得到合理规划，户主照搬城市住宅建设形式，新建筑不仅与村落整体建设形式相背离，更造成了经济浪费。

旧建筑被迫拆除，除了因为长久失修外，另一重要原因是建筑设计标准低，建造质量差。不管是村落公共建筑还是私人住宅，都要高标准设计，精心建造，全面提高建筑质量。建筑的功能性、技术性、艺术性、安全性和可改造性不仅应满足现状的需要，还应适应将来的发展要求，经得起历史考验。

箬竹村的选址得天独厚，尤其注重与周边自然环境的融洽。目前古村内用地功能较为单一，现村庄建设用地 2.65 公顷，其中村民住宅用地占 77.36%，村庄公共服务设施用地占 3.02%，村庄道路用地占 19.62%。除村庄建设用地外，规划范围内还有农林用地 21.35 公顷，占总用地的 83.43%；水域 1.59 公顷，占总用地的 6.21%。

（1）村民住宅用地

为了给历史建筑营造良好的村落景观环境，古村保护措施应以环境整治为主。在古村内不安排新的住宅用地，维持传统村落现有的居住环境用地。考虑到古村旅游发展、人口自然增长等因素，在古村以南 3.6 公里的洞上自然村规划一块居住用地，新居民住宅要结合新农村建设规划布局。

（2）村庄道路用地

规划范围内除增加了 3 处必要的游览车停靠点外，再新增 1 处道路广场用地用于停放游览车，道路广场的建设应结合古村内的院落、晒场、房前屋后空地。在古村南部入口布置 1 处停车场，作为外来车辆停车的场地。

（3）村庄公共服务用地

行政村级的公共服务设施主要布置在箬竹村内，包括村委会、小学、幼儿园、卫生所、文化站、体育设施等。村庄公共服务用地主要有三处，包括以宗教功能为主的下山殿、以服务功能为主的旅游接待中心、以展示功能为主的农耕展示中心。古村内的商业零售点、医疗卫生室、邮政代办点作为配套建筑设施项目，不单独安排用地。古村学生集中在箬竹村以南的李村小学、幼儿园，以通勤校车或住宿的形式解决上学的交通问题。

处于保护范围内、核心保护区外的区域为村落建设控制地带，作为核心保护区的背景区域，能够对核心保护区起到缓冲作用，其划定是为延续古村的传统景观风貌，使整体建筑风格和环境风貌有较和谐的过渡。

1）建筑质量

根据质量，将建筑分为四类：一类建筑、二类建筑、三类建筑、四类建筑。其中，一类建筑的主体结构稳固，墙体、窗户、屋顶完好无损，不存在建筑结构质量问题。二类建筑的结构基本完好，但局部存在一定问题，对于屋顶、墙体、门窗等局部有破损、裂缝的建筑，以及缺乏日常维护的建筑，进行局部加固维修。三类建筑的主体结构尚存，但已严重破坏，存在倒塌的安全隐患，建筑屋顶和墙体存在一定破损，濒临废弃或少有人居住，这类建筑需要整体加固维修。四类建筑的主体结构残缺不全，已经部分倒塌，建筑屋顶和墙体破坏严重，已经废弃或无人居住生活，这类建筑需要拆除。

二类建筑和三类建筑的规模共占 62.17%，说明古村建筑整体质量较好。一类建筑质量的建筑占总建筑规模的 31.13%，以 20 世纪七八十年代建筑居多。三类建筑质量的建筑规模较小，主要是清代历史建筑，占总建筑面积的 9.45%；四类建筑质量的建筑规模最小，含两栋清代建筑、一栋 60 年代建筑、两栋 70 年代建筑，占总建筑面积的 6.7%。具体数据见表 3-17。

表 3-17　箔竹村建筑质量分析统计表

建筑质量	建筑面积/平方米	占比/%
一类建筑	3782.33	31.13
二类建筑	6404.95	52.72
三类建筑	1147.62	9.45
四类建筑	814.65	6.7

资料来源：《箔竹村中国传统村落保护规划》

村庄规划范围内的建筑多为一层和两层，整体符合历史风貌保护的要求，其中第一层的建筑面积占 16.39%，第二层的建筑面积占 83.61%（表 3-18）。

表 3-18　箔竹村建筑层数统计表

建筑层数	建筑面积/平方米	占比/%
第一层建筑	1962.34	16.39
第二层建筑	10012.34	83.61

资料来源：《箔竹村中国传统村落保护规划》

第一层建筑以厨房、家畜养殖的附属用房为主，第二层建筑多为生活居住建筑。

2）建筑高度

核心保护区的历史建筑和传统风貌建筑维持现有高度，对其进行的整治只限于立面或局部的修补加固，周边 10 米范围内有高度超过历史建筑和传统风貌建筑的一般建（构）筑物，应降低层高或拆除。

核心保护区内一般建筑的高度控制以该区内现有历史建筑的一般高度为基准，分为两级控制：控高一层区域、控高二层区域。其中，控高一层区域的建筑檐口高度为 3—4 米，屋脊高度不超过 7 米。控高二层区域的建筑檐口高度为 6—8 米，屋脊高度不超过 12 米。

在建设控制地带内新建的必要设施建筑物，其高度按二层区域控制。

3）建筑体量

建设控制地带内的新建建筑物、构筑物，在体量上（长度、宽度、高度等）

应与原有历史民居的体量相协调，不应建设过大体量建筑，而破坏原有空间尺度。

4）建筑结构

古村内建筑结构分为五类：夯土结构、青砖木结构、土砖木结构、木结构、砖混结构。其中夯土结构建筑有 20 世纪 50 年代后建的两栋；青砖木结构建筑主要为清代的历史建筑，占总建筑面积的 7.39%；土砖木结构的多为 20 世纪 60—80 年代建的生活居住建筑，占总建筑面积的 87.39%；木结构建筑为张家祠堂的后厅，占总建筑面积的 0.22%；砖混结构建筑为 20 世纪 90 年代后的改造建筑，占总建筑面积的 0.57%（表 3-19）。

表 3-19 箬竹村建筑结构统计表

建筑结构	建筑面积/平方米	占比/%
夯土结构	538.08	4.43
木结构	26.93	0.22
土砖木结构	10617.69	87.39
青砖木结构	897.87	7.39
砖混结构	68.98	0.57

资料来源：《箬竹村中国传统村落保护规划》

建设控制地带内的新建建筑物、构筑物，在使用性质上以居住、基础设施、社会公共服务为主，不得建有生产性质的建筑。

（二）能源节约率

除了通过各种办法节约资源外，还要结合当地的自然条件充分利用自然资源，如阳光、自然风、地热和生态环境等。例如，乡村道路网的规划应利于建筑的朝向布置，以使日照时间最大化。村落街区规划要考虑利用道路、山谷和河流等地形引入自然风，来改善村落微气候。建筑色彩以白色等淡色系为主，要多做遮阳设施，减少热辐射和制冷能耗。推广使用太阳能热水器，加强对各种资源的综合利用。

为保护箬竹村所处地区的自然生态环境，提高村庄能源节约率，以古村传统聚居群落为核心，划定古村落周边生态环境的保护控制范围，分为生态环境保护范围、农田种植地的保护范围、河流水体的保护范围、山体植被的保护范围。

1. 生态环境保护范围及规定

将村域范围内的山脉、丘陵、林地等，以及黄沙镇土地利用总体规划中的自然保留地纳入生态环境保护范围，其保护规定包括：①在生态环境保护范围内，居民住宅、公共及市政设施等只允许在村庄建设用地范围内建造；农田垦殖、饲养等农业活动只允许在农田种植用地范围内开展。②加强对生态环境保护范围内的山体林带的养护，保持水土，禁止任何建设及开垦行为，同时对村域内已经开挖的山体、丘陵进行生态修复。③对现有山塘、溪流等水体实施保护，不允许随意填埋或开挖而导致水体面积与形态发生变化。

2. 农田种植地的保护规定

将基本农田和一般农田划入农田种植地的保护范畴。保护耕地和农田的意义十分重大，上至国家命运、社会稳定，下至人民生活保障。对于历史文化资源和历史文化景观的保护而言，农田是不可缺少的一部分，因此应作为一个重要的环境要素进行保护。

3. 河流水体的保护规定

为保护好村庄的整体生态环境，维持田园与水系现有的格局、依存关系，《箬竹村中国传统村落保护规划》对行政村域内水体环境的保护提出以下要求：①对存在坍塌、山洪淹没隐患的河岸，采取整治和清淤等措施，保护河岸两侧的树木林带。②严禁在河道、河岸两侧新建无关建筑、构筑物，以及开挖河堤、填埋沙土等破坏活动。③保护好现有水塘，采取加固、构筑塘岸基脚等处理措施。④禁止村民将生活垃圾或生活污水直接排入水体，形成良好的自然景观。

4. 山体植被的保护规定

村庄周边的山体植被是不可缺少的、重要的自然生态资源，山体的地势地貌需严格保护，禁止对山体进行开采和破坏。山体植被需要长时间的维护和保养，尊重植被的多样性，保护山体不受人为因素的影响，注意森林防火等。

（三）水资源节约率

我国是水资源短缺的国家，水资源是评判村庄环境是否宜居的重要指标。因此，村庄应加强生活污水再利用设施建设，提升污水处理技术，以及再生水处理效率和质量。推广垃圾分类，加强废物回收利用，最终减少废弃物排放量。

要实现水的节约，应制定合理的水资源规划，确定用水标准，推广节约用水技术，循环利用经过处理的雨水、污水。大力推广雨水收集系统，提高雨水利用在乡村用水中的比例，利用山沟、水塘等收集雨水，并将其作为农业灌溉水、绿化水、消防用水和备用水源等。村落广场铺地和绿地布置等，要有利于降水渗入，以补充地下水源。

1. 雨水收集利用

雨水利用技术能够将收集的雨水转化为可利用的水资源。例如，对屋面雨水进行收集，经过简单处理后用于农业灌溉，节约了优质水资源；通过低洼绿地强化雨水的储蓄；通过村落景观水体的调蓄功能减少外排雨水量；通过地下雨水调蓄池减少雨水的污染。

2. 节水措施

节约用水、高效用水是缓解水资源供需矛盾的重要途径。节约用水的核心是提高用水效率和效益，将节约用水、高效用水的理念运用到传统村落规划中，可产生明显的社会效益、经济效益和环境效益。加大节约用水的宣传力度，推广节水技术，建造节水设施，推进水循环利用，创建节约型乡村。

传统村落用水主要用于生活用水和生产用水。生活用水可通过使用节水器具，如节水型水龙头、节水型坐便器、节水型淋浴设施等来实现节约。但村落生产主要以第一产业和第三产业为主，农业用水占据了较大比例，利用节水灌溉既可以提高农业用水效率，又可以达到节约用水的目的。

（四）材料节约率

可再生资源节约利用，是指对可再生资源实施开发保护、规划引导、用途管制、标准控制、存量挖潜、治理修复等手段。其内涵表现在以下三个方面。

一是以节约优先、保护优先为基本前提，树立村民的节约意识，自觉、主动地降低资源消耗，较少资源浪费。二是以推动资源集约高效利用为内在要求，通过优化资源配置和转换资源利用方式，提高乡村资源承载能力和综合效益。深度挖掘存量资源潜力，提高存量资源利用率。三是以实现绿色建设、循环发展为重要路径。坚持"绿色建设"就是以"绿色"为价值取向，正确处理乡村经济发展和生态保护的关系，把生态宜居和经济增长"双赢"作为乡村高质量发展的重要价值标准。循环发展就是按照减量化、再利用要求，从源头上减少生产、流通、消耗各环节能源资源消耗和废弃物产生，推动资源再利用，形成覆盖全乡村的资源循环利用体系，促进资源永续利用。[①]

2013 年，习近平总书记指出："变废为宝、循环利用是朝阳产业……使垃圾资源化，这是化腐朽为神奇，既是科学，也是艺术。"[②]农村有着丰富的废旧资源，但资源回收体系薄弱，废物再利用率较低，缺少科学的回收处置方式、完善的回收体系和政策。在村镇宜居评价指标中，将材料节约率作为衡量村庄是否符合生态宜居的标准，从政策上引导村庄实施绿色建设。

---

① 陈建军. 严格保护耕地 节约集约用地——写在第 29 个全国土地日到来之际[J]. 南方国土资源，2019（7）：6-9.

② 这项"新时尚"工作，习近平非常看重[EB/OL]. http://www.tangshan.gov.cn/zhuzhan/pinglunjiedu/20190619/699609.html.

四、生活便利度

现代人追求宜居环境的实质在于，追求周边公共服务设施为日常生活带来的便利或舒适，这是考察宜居性的最直观视角。宜居村落需要具备完善的基础设施，为居民提供方便、快捷的生活服务，以此来提高乡村的吸引力。

生活便利主要指村民日常生活的便利性。例如，市政配套设施齐全，能满足农户对水、电、气等生活必备设施的需求；有定期的集市，能满足农户的购物需求；教育、文化、体育设施能满足村民的相应需求；医疗服务要便民，能满足农户看病需求；交通布局要合理，能满足农户外出交通需求。

村镇宜居（生活便利度）评价指标体系设有 6 个二级指标和 18 个三级指标（表 3-20）。以住宅达标率评价乡村生活质量的高低；从燃气使用率、入户三网普及率、供水保障率、供电保障率等来侧面评价村庄市政设施的普及率；从是否有商店、集市、农村信用合作社等方面来评价乡村商业服务设施状况；从是否有教育机构、体育设施、文化活动站、托老所、养老院等方面来评价教育文化体育服务和医疗服务设施的完善度；从 1000 米范围内是否有相应的公共交通设施来评价乡村交通的便利度。

表 3-20 村镇宜居（生活便利度）评价指标体系表

一级指标	二级指标	三级指标
生活便利度	生活质量	住宅达标率
	市政设施普及率	燃气使用率
		入户三网普及率
		供水保障率
		供电保障率
		是否有公厕
		移动通信信号是否覆盖
		是否有夜间照明
		是否有邮寄快递
	商业服务设施	是否有生活用品商店
		是否有定期的集市
		是否有农村信用合作社
	教育文化体育服务设施	是否有教育机构
		是否有体育设施
		是否有文化活动站

续表

一级指标	二级指标	三级指标
生活便利度	医疗服务设施	是否有卫生院
		是否有托老所、养老院、居家养老服务等养老服务
	交通服务设施	1000 米范围内是否有相应的公共交通设施

资料来源:孙金颖,焦燕,王岩. 村镇宜居社区评价指标体系框架研究[J]. 建筑经济, 2015, 36(12): 107-110.

教育服务设施是新农村建设规划必须解决的关键问题, 良好的教育设施及相关的文化环境、社区配套设施、商业氛围等成为影响村民居住适宜性的重要因素。目前, 我国乡村居住区和商业区的空间分布具有较为明显的差异性, 不同层次和属性的商业配套设施不仅可以给周围村民的日常生活带来便利, 还可以满足其娱乐休闲等精神层面的需求。交通服务设施在人们的日常生活中扮演着重要角色, 便捷的交通能够极大地缩减流动成本。市政设施的普及率与生活便利性呈正相关, 如燃气、网络、水、电等直接影响村民的日常生活。随着收入的增加和生活品质的提高, 人们对居住环境的要求也越来越高, 良好而优越的自然环境成为评判村镇宜居性的重要标准。

（一）交通规划

将 105 国道至箬竹景区大门的公路及内部道路按照旅游绿道的标准进行建设。村庄绿道是线性绿色开敞空间, 需要满足机动车、非机动车、行人的交通需求, 同时具备景观功能。

将 105 国道进入箬竹景区大门的公路命名为"箬竹绿道", 路面分设机动车道、非机动车道、人行道, 宽度分别为 6 米、1 米、0.5 米, 在机动车道与非机动车道之间种植 0.5 米宽的灌木绿化带, 绿道总宽度为 8 米。箬竹村内的路面分设机动车道、非机动车道, 人行道与非机动车道重叠, 宽度分别为 5 米、1 米, 绿道总宽度为 6 米。机动车道采用沥青路面, 非机动车道和人行道采用黄线分化。

（二）给排水及电力通信规划

1. 给水规划

目前, 郑家、张家的供水基本靠自取地下水和山泉水, 日常的农业用水和部分生活用水主要靠地表水。

（1）用水量估计

用水主要包括游客、村民和工作人员用水。如果夜游客用水量按 50 升/人/日计算, 按最大日游客数 2000 人计算, 则游客用水量为 100 吨/日。住宿游客用水量按 200 升/床/日计算, 游客床位数以 400 床计算, 则住宿游客用水量为 80 吨/

日。村民用水量按 400 升/人/日计算，村民人数按 200 人估算，则村民用水量为 80 吨/日。工作人员用水量按 120 升/人/日计算，工作人员按 160 人估算，则工作人员用水量为 19.2 吨/日。以上各项用水量总和为 279.2 吨/日，未预见用水量按 10%计算，则景区总用水量约为 307.12 吨/日。

（2）给水规划

箔竹村水资源丰富，溪流长超过 30 公里，山泉水一年四季不断。为保证水源的稳定性和可靠性，除了对接黄沙镇自来水管网系统外，箔竹村还可以选择在地下水源富积地自建水井，为规划地提供生活用水和旅游接待用水。

管线规划：主管道沿景区公路铺设，管径为 DN500[①]，支管道在各分地块支路上铺设，管径为 DN300，支管道与主管连通形成环形供水管网。为确保供水安全，给水管道在人行道下覆土深度不小于 0.6 米，在车道下不小于 0.7 米。鉴于区内线路长、标高相差较大、水压变化较大，在供水管网沿途增设加压泵和减压阀，以保证接管点处服务水头不低于 0.28 兆帕，不高于 0.5 兆帕。

2. 排水规划

箔竹村大部分生活与生产污水处于自然排放状态，急需建立完善的污水处理排放系统。

（1）污水量估计

污水量按给水量的 80%计算，则污水量约为 245.70 吨/日。

（2）排水规划

污水排放系统。分别在郑家和张家附近设置一座地埋式无动力处理设施，将排放的污水处理好后再排放。景区周围考虑使用沼气池和污水处理池，将处理后的污水作为景区田地灌溉用水。要在厕所附近设计化粪池，厕所污水经过化粪池后再进行二次处理才可排放。

雨水排放系统。地势平坦、人工建筑较密的接待服务区，采取管道排水；以植被为主的地区，按照地形情况采用地面排水，就近排入天然水沟，最终排入周边水库、河流及农田。

（3）排水管理

污水处理是景区持续发展的重要保障，应严格按照排水规划进行操作，建立必要的监督奖惩机制，落实各项排水管理工作。

3. 电力通信规划

箔竹村的电力通信设施较为落后。首先，村内信号较差；其次，该村电力来源主要由黄沙镇接入，而且村内电网多年来未进行过改造升级，老化严重，不能

---

① 即直径 5 厘米。

满足未来旅游发展的用电需求。

（1）电力规划

第一，对整村的电力系统进行改造升级，使景区的供电最低达到1600千瓦时，以满足用电需求；第二，规划区域范围内的所有电线采取深挖地埋式，避免电线分割景观；第三，在游客服务中心、民宿客栈等重要场所，规划配备相应功率的应急发电机组，作为停电时的备用电源；第四，旅游主干道和重要游步道应布置路灯，主要景点及景观小品附近也应设置庭院灯，分片分组由各个管理点控制。

（2）通信规划

第一，在游客服务中心、客栈、酒店等游客活动场馆和景区经营场所内适量设置公用电话，保证游客通信畅通；第二，制作反映本地文化风光的邮资明信片、纪念信封、风景邮戳等，既为喜好集邮的游客提供服务，也可对外进行宣传；第三，在游客服务中心设立邮寄代办业务，提供快递、挂号等邮寄服务；第四，景区全覆盖有线电视系统，并在游客中心、客栈等重要场所开通宽带互联网；第五，在酒店、餐厅、游客服务中心等重要场所覆盖无线网络，实现景区无线网络全面覆盖；第六，景区管理处可适当配备对讲机，以作调度及应急之用；第七，电信线路均采用通信电缆穿管沿道路埋地铺设。

（三）服务、标识及公共设施规划

1. 服务设施规划

（1）旅游住宿设施规划

为防止旅游开发造成宾馆、酒店建设泛滥，破坏景区风格等情况的发生，旅游管理部门必须严格按照旅游产业发展的实际需要和当地实际情况，来确定宾馆酒店、乡村旅馆的建设规模和速度。

近期的重点是：改造现有的宾馆和旅馆，对一些有条件的旅馆进行改造升级，做到安全、卫生、舒适，可以将箬竹村的人文元素融入旅馆的设计中，来提高旅馆的文化内涵，并扩大旅馆的容客量。另外，提高宾馆、酒店等的服务水准，有关部门可以定期对从业人员进行业务培训。此外，将科学化管理和人性化管理相结合、规范化服务与个性化服务相结合，如在酒店装饰方面凸显箬竹村的特色。

中期的重点是：锁定目标人群，准确把握市场定位。旅游企业应明确目标市场，做到层次有别、产品优势有别，有针对性地满足不同游客的不同需求。同时，还可以发展乡村农家旅馆、休闲农庄、度假竹屋等，以优化旅游饭店结构，满足在景区过夜游客的需求。

远期的重点是：本着生态保护和环境保护的原则，控制宾馆和酒店的数量和规模，防止对生态环境和景观造成破坏。

（2）旅游餐饮业规划

规范市场环境，将餐饮纳入旅游服务管理体系。按照国家卫生城市、国家优秀旅游城市的要求，规范餐饮安全、环境卫生等。相关部门要加大监察力度，以此来提升箬竹村的旅游形象。

与当地旅游文化、民俗风情、历史文化相结合，大力发掘当地传统特色菜肴，立足本地资源，就地取材，不断创新，扩大对外宣传力度，提高食品质量和服务质量。打造餐饮名街，提供地方特色餐饮，营造主题餐厅等。在建筑特色、装饰风格、员工着装上均要求能够体现地方饮食文化，让游客在欣赏自然山水的同时，体会到地方特色饮食文化的魅力。作为箬竹村招揽游客的一条重要渠道，依托箬竹村的文化内涵与原生态的食材优势，开发本地特色菜系。

构建多层次的餐饮体系，主要包括饭店餐饮、景区餐饮、特色餐饮、社会餐饮等，以满足旅游市场的需求。对于中低档次的餐馆、饭店、小吃店来说，除要注重饮食特色外，还要提高食品卫生标准。

（3）环卫设施规划

1）旅游厕所。加强对厕所的卫生管理和设施更新，保持公厕卫生，做到洁具洁净、无污垢、无堵塞。建筑上要保持乡土气息，选用青砖、石头、木头等作为建筑原材料。建设要符合国家旅游局《旅游厕所质量等级的划分与评定》（GB/T18973—2016）的规定和要求。

2）垃圾处理。垃圾分类收集，集中堆放，统一处理。第一，设立1—2个垃圾收集站，用封闭式垃圾车清运，严禁乱堆乱扔，防止产生二次污染；第二，建立垃圾转运站，并与周围建筑的间距不小于500米；第三，定期清理垃圾桶，随时清除游客随手丢弃的杂物，安排专人对道路、地面进行打扫，时刻保持街道清洁；第四，合理选择和配置景区垃圾桶，选用生态型、易收集、外观与环境相协调的垃圾桶，间隔50—100米配置一个，垃圾桶的造型应与周围环境融洽。

2. 标识系统规划

按照《旅游景区公共信息导向系统设置规范》（GB/T31384—2015）设计导游全景图、导览图、标识牌、景物介绍牌等景区标识。旅游景区的标识系统分为五种类型：导游全景图、景物（景点）介绍牌、道路导向指示牌、警示关怀牌和服务设施名称标识。

1）导游全景图（景区总平面图），包含景区全景地图、景区文字介绍、游客须知、景点相关信息、服务管理部门电话等。

2）景物（景点）介绍牌，指景点、景物牌介绍，包含相关来历、典故等内容。

3）道路导向指示牌，包括道路标志牌、公厕指示牌、停车场指示牌等。

4）警示关怀牌，指提示游客注意安全及保护环境等的一些温馨提示牌、警戒牌、警示牌。

5）服务设施名称标识，指售票处、出入口、游客中心、医疗点、购物中心、厕所、游览车站点等一些公共场所的提示标识牌。

景区内公共道路的交通指示牌参照《道路交通标志和标线》（GB 5768—2009）执行。

3. 公共设施规划

公共设施必须满足村民生活居住、游客服务的需要。行政村村级公共服务设施主要布置在箔竹村村内，包括村委会、小学、幼儿园、商业、卫生所、文化设施、体育设施等。箔竹村结合现状及旅游服务需求配置基本的卫生所、文化设施及商业设施。

五、社会和谐度

乡村治理是国家治理体系的一个重要组成部分，既关乎农民的切身利益，更关乎农村社会的长治久安，是实施乡村振兴战略的重要内容。[①]采用以村民自治为核心的乡村治理体制，容易因为基层政府在乡村治理中的"缺位""越位""错位"致使乡村治理的问题日益突出。村镇宜居评价体系可以检测基层村镇机关是否在大力发展民主政治，保障村民权利，积极引导村民参与村务决策和管理。

十九大报告指出："我国社会主要矛盾已经转化为人民日益增长的美好生活需要和不平衡不充分的发展之间的矛盾。"人民对美好生活的要求日益提升，不仅对物质、文化方面提出了更高要求，而且对民主、法治、公平、正义、安全、环境等方面的要求也日益增长。目前，农民的民主意识、法治意识、权利意识、监督意识逐渐增强，不仅要求经济丰裕的生活，还要求更多地参与公共事务决策，依法维护自身权益。农业农村部农村合作经济指导司司长张天佐提出，要加强农村基层基础工作，健全自治、法治、德治相结合的乡村治理体系。这是中央在总结基层探索的基础上，对加强乡村治理的新部署，是实施乡村振兴战略的重要组成部分，对维护农村稳定、促进农村发展、保障农民权益具有重要意义。[②]

---

① 农业农村部举行介绍乡村治理有关情况新闻发布会[EB/OL]. http://www.scio.gov.cn/xwfbh/gbwxwfbh/xwfbh/nyb/Document/1656264/1656264.htm.

② 农业农村部举行介绍乡村治理有关情况新闻发布会[EB/OL]. http://www.scio.gov.cn/xwfbh/gbwxwfbh/xwfbh/nyb/Document/1656264/1656264.htm.

治理有效是社会建设的基石，乡村振兴战略对治理有效的要求是加强民主管理，巩固基层党建和拓宽农民视野。治理有效评价指标体系的二级指标有5个：农民对政务村务公开的满意率，该指标反映乡村村务公开情况和民众公信度；农民对乡村干部廉政的满意率，该指标反映基层决策是否公开公正，考察乡镇和村干部的廉洁情况；村民参与一事一议制度的比重，该指标体现村民对乡村公共事务的参与度，是村组织号召力的体现；大学生村官是近年来大学生就业热点，乡村振兴需要新鲜力量提升乡村治理水平，因此，农村村干部中大学生比重指标可以反映基层治理水平的提高程度和村干部的文化素养（表3-21）。

表 3-21　治理有效评价指标体系表　　　　　　　单位：%

一级指标	一级指标权重	二级指标	二级指标权重	2020 年	2035 年	2050 年
治理有效	18	农民对政务村务公开的满意率	3	80	89	95
		农民对乡村干部廉政的满意率	4	85	93	98
		村民参与一事一议制度的比重	4	80	89	95
		农村村干部中大学生比重	3	20	35	50
		农民对法治乡村建设的满意率	4	75	85	95

资料来源：郑家琪，杨同毅. 乡村振兴评价指标体系的构建[J]. 农村经济与科技，2018，29（17）：38-40.

虽然义务教育已完全普及，农民的总体道德水平也有了很大提升，但某些地区、某些村庄仍存在陋习，红白喜事奢办是陋习之一，有的家庭为办一次结婚酒席甚至需要背上几年的债务。除此之外，农民纠纷发生率和"黄赌毒"发生率也体现了农村负面风气。因此，提高农民文化素养、消除农村负面风气是实现乡风文明的有效途径。增加每年集中性科普次数，有利于增加村民的科学常识，更好地抵制封建迷信的传播；农民文化、体育、娱乐消费比重的增加，体现了农民生活质量的提高和乡村风气的净化；农民对乡村两级公共文化服务的满意率是对乡村两级公共文化服务的监督，有利于乡村两级公共文化服务水平的提升。

乡风文明是文化建设的主线，建设要求是弘扬传统文化，抓住时代精神促进乡风文明。因此，乡风文明评价指标体系设置了农民对乡村两级公共文化服务满意率，每年集中性科普次数，农村文化、体育、娱乐消费比重，农民纠纷发生率和"黄赌毒"发生率等6个二级指标（表3-22）。其中前三个指标能全面反映乡村文化建设情况；农民纠纷发生率和"黄赌毒"发生率反映乡村社会治安状况；"红白喜事不奢办比重"反映乡村精神文明建设情况。

表 3-22 乡风文明评价指标体系表 单位：%

一级指标	一级指标权重	二级指标	二级指标权重	2020 年	2035 年	2050 年
乡风文明	18	农民纠纷发生率	3	1	0.4	0.2
		"黄赌毒"发生率	3	0.5	0.3	0.1
		红白喜事不奢办比重	3	80	93	99
		每年集中性科普次数	3	8	15	20
		农村文化、体育、娱乐消费比重	3	7	14	19
		农民对乡村两级公共文化服务满意率	3	75	92	98

资料来源：郑家琪，杨同毅. 乡村振兴评价指标体系的构建[J]. 农村经济与科技，2018，29（17）：38-40.

乡村社会和谐度以民主、自治、法治、参与、公正、透明、责任和稳定为评判内容，而实现乡村善治，使乡村获得全面、有效、可持续发展，靠的是地方社群的自主治理能力，以及以此为基础的多中心治理和多层次的管理制度框架。

村镇具备较为完善的管理体系，能够有效地解决村民生活中遇到的问题。村委会要担起管理村内事务的职责，积极与村民沟通。在面对自然灾害和社会突发事件时，村委会要采取措施积极应对，尽可能地降低突发事件造成的损失。村内应经常举办文化活动，丰富村民的业余生活。

村镇宜居（社会和谐度）评价指标体系从管理与服务、公共安全体系两方面细化了 6 个三级指标，分别为村镇经济账目、重大事宜等是否及时公开，村镇是否有门户网站，村镇是否有管理制度，村镇选举机制是否透明，预防、应对自然突发性公共事件的措施和预防、应对社会突发性公共事件的措施（表 3-23）。

表 3-23 村镇宜居（社会和谐度）评价指标体系表

一级指标	二级指标	三级指标
社会和谐度	管理与服务	村镇经济账目、重大事宜等是否及时公开
		村镇是否有门户网站
		村镇是否有管理制度
		村镇选举机制是否透明
	公共安全体系	预防、应对自然突发性公共事件的措施
		预防、应对社会突发性公共事件的措施

资料来源：孙金颖，焦燕，王岩. 村镇宜居社区评价指标体系框架研究[J]. 建筑经济，2015，36（12）：107-110.

（一）吸收社会资本，加强农村综合建设

构建和谐村落、实现乡村级民主治理的关键在于将村民个人理性整合为集体理性。社会资本作为可再生、不可模仿的复杂自然产物，是处于一个共同体内的个人、集体通过内部、外部对象的长期信任、合作互利形成的一种认同关系，以及在这些关系的背后积淀下来的历史传统、价值理念、信仰和行为规范。[①]它是实现个人理性与社会理性和谐，解决集体行为困境的重要因素。因此，应调整村落与社会的关系，发展村落民主政治，保障村民的公民权利，有意识地培育积极的社会资本，改善乡村的非制度性参与渠道，使乡村社会网络进一步扩展，直至包括全体村民。同时，调动村民关注并参与村落的政务话题，形成有利于乡村良性发展的政务监督机制，实现村落和谐发展。

　　加强对乡村自治工作的管理和引导，探索一条适合乡村自治的新路径。首先，提高村民自我管理、自我服务、自我教育和自我监督的能力。以村民为主体，党委领导、社会协同、公众参与的原则，引导村民参与乡村的社会管理工作，增强村民的主体意识，提高村民参与民主活动的积极性和主动性。箔竹村将"村级民主协商议事会"作为乡村基层协商的方式，鼓励全体村民、各利益群体直接参与村级重大事务，并发表意见、提出建议，实现"让人民做主"。其次，积极发挥乡贤的引领作用。乡村精英人才大多深受村民的信任与敬重，他们的价值观念、行为模式对村民具有较强的示范作用，充分发挥乡贤人士的作用，鼓励他们贡献自己的力量。三个样本村庄均组建了乡村老干部、老模范、老教师议事会参与村级事务管理，取得较好的成效。再次，发挥村规民约的教化作用。村规民约作为村民共同认可的"乡村公约"，在乡村治理中起着较大的约束作用。其中汤桥村制定了《村庄街道卫生保洁制度》《村庄红白事简办规定》《严惩"黄赌毒"办法规定》等。最后，发挥社会组织的协同作用。乡村是一个熟人社会，群众性社会组织对村民有较大的影响力和号召力。充分利用农民合作社等组织扎根民间、贴近群众的特点，将其作为协助村民委员会解决群众问题的一个有效载体，以及解决乡村社会矛盾的"稀释剂"和维护乡村稳定的"减压阀"。

　　（二）分化与整合，促进村落文化和谐发展

　　村民是村落的主体，也是村落和谐的核心，实现村民自由而全面的发展是构建和谐村落的根本目的。文化作为影响人全面发展的重要内在因素，其和谐与否直接关系到和谐社会的实现。村民受各种思想观念影响的渠道明显增多，思想观念和价值取向的独立性、选择性、多变性、差异性明显增强。这种分化不仅是必然的，而且是正当的，是构建和谐村落的基础，因为只有村民充分而平等地享有权利，这种分化或多元化才能得以存在，村落才能得以发展。如果村干部仍然守着旧观念，用陈旧的管理手段和方法处理新矛盾新问题，就会出现"老办法不灵、

----

① 梁润冰. 构建和谐村落, 推进社会主义新农村建设[J]. 社会科学管理与评论, 2006（4）: 54-58.

新办法不会"的失灵现象。在文化分化进程中，我们应注重文化的开放与兼容，着眼于现代与传统的整合，实现现代精神与传统美德、现代制度与传统风俗相结合，构建新农村文化，培育新型农民，实现村落的和谐发展。

一是加强乡村文化服务保障。对村落文化的保护给予更多的政策、资金等支持，因地制宜增强乡村经济发展的内生动力。依托乡村旅游，发展乡村集体经济，大力推进乡村基础设施和村落文化中心、文化广场、农家书屋、文体活动中心等公益性文化设施建设，以满足村民的精神文化需求。二是提升乡村文化服务能力。加强乡村文化治理阵地建设，提高村级干部成员的能力素质水平。朱砂村在全村开展了以"有治理高效的干事、有素质优良的群众、有环境优美的村貌，创具有示范引领作用的百强村、稳定发展的和谐村、创业绩突出的先进村"为主要内容的活动，推动基层党组织实现晋位升级。三是推进文化服务向文明服务转化。在高素质村级干部、乡贤的示范带动下，积极推动文化服务向文明服务转化，并把文明服务做到群众的家门口，最大限度地方便群众。黄沙镇在包括朱砂村、汤桥村、箔竹村等在内的 12 个管辖村内建立了"法律文明服务站"，并由镇公安分局选派 36 名政治理论水平高、法律素质过硬、工作实践经验丰富的业务骨干，兼任法治村长、法治校长、法治厂长，定期深入乡村、学校、（工）农场开展法制文明宣传和法律服务。

（三）循序渐进，完善乡村法治文明建设

法治文明不仅体现乡村建设后的可持续发展程度，更考验村干部在面对问题时的处理能力。很多冲突或矛盾并不是突然发生的，而是由于一些潜在的矛盾没有引起重视或者没有得到良好的解决，经过沉积、酝酿后才导致的。在目前的乡村治理中，很多乡村通常是"小事不管，大事抢救"，这样不仅增加了解决问题的成本，而且解决的效果也不好。

第一，强化宣传引导，加大对农民群众开展经常性教育的力度，不断提高村民的文明素质，提高学法、用法、守法和依法办事的自觉性。箔竹村在乡村治理上，坚持把引导农民向村民的理念转变作为重点，不断加大宣传引导，帮助他们逐步转变生活方式和生活理念，从而更好地适应新的乡村生活，转变"楼顶养猪、绿化带种菜"等观念。箔竹村、朱砂村、汤桥村等 12 个村联合加大法治宣传力度，强化依法办访，促进乡村信访工作步入法治化轨道，引导群众合理合法表达利益诉求。第二，加大矛盾排查力度。本着"发现得早、化解得了、控制得住、处理得好"的原则，提前做好矛盾排查化解工作，做到早发现、早介入、早调处，把问题消除在萌芽状态。箔竹村在实施新村建设、旧村改造和旧村迁往新村等工作中，把可能引发矛盾的问题提前想到位，围绕还迁方式、还迁地点等敏感问题，本着最大限度为群众着想的原则，提前制定好解决方案，避免了问题的发生。目前，已完成对旧村保护区、改造区、重建区的丈量评估工作，其间未发生一起信访事件。第三，强化源头预防。乡村治理工作的重心在源头，若将源头抓好了，就会达到事半功倍的效果，所以要注重强化"预防高于处置"的理念，抓好源头机制建设。为此，汤桥村实行了村级事务"六步决策法"、村章镇代管、村级财务公开等机制，从源头上避免了一些问题的发生，村级矛盾纠纷数逐年下降。

（四）科学定边界，构建多中心治理网络

乡村民主治理的方向，应当是逐步走向以民主、自治、法治、参与、公正透明、责任和稳定为要素的乡村善治[①]，而要实现乡村善治，使乡村获得全面、持续的发展，依靠的是村落的自主治理能力，以及以此为基础的多中心、多层次的制度框架。[②]针对我国乡村治理中边界模糊的问题，通过立法，科学界定乡村治理主体的行为边界，明确职责，着力整合现存治理权威的多元结构，形成一个多中心的治理网络。

乡村治理活动最常使用突击、临时性迎检的方式处理各类社会管理活动，特别是在时间紧、任务重的重要工作中，通常采用"人看人、人盯人"的方式作为突击性、临时性的解决措施。虽然这种处理方法在短期内能达到立竿见影的效果，但从长远来看可能会激发更严重的冲突。建构多中心治理网络有利于保证社会长期向健康有序的方向进行，因此应该成为推进新形势下乡村治理工作的努力方向。一是要有多中心的治理平台；二是要有多中心的治理力量；三是要有多中心的治理机制。黄沙镇实行"一村一站一助理"新模式，在全镇 12 个行政村全部设立了村级综合服务站，在硬件上确保做到"六个有"，即有一个固定场所、有一部电话、有一本登记簿、有一套制度、有一张综合联系卡、有一系列办事指南，解决了治理平台的问题。每个村安排 1—2 名街镇机关干部担任村级事务助理，入村与村干部以及大学生村官共同开展工作，解决了治理力量的问题。明确服务站职责，实行"三包"，即包教育、包发展、包稳定；"四保"，即保证方针政策贯彻落实、保证重点工作如期完成、保证热点难点问题及时妥善解决、保证村级干部不出问题，解决了治理机制的问题。实施这一多中心治理模式，一方面，通过为村民开展零距离服务和代办服务，让群众省心、省时、省事。另一方面，开展经常性走访群众工作，及时发现隐患，主动当好群众纠纷的"说合人"，避免问题积

---

① 徐秀丽. 中国农村治理的历史与现状：以定县、邹平和江宁为例[M]. 北京：社会科学文献出版社，2004：21-28.

② 迈克尔·麦金尼斯. 多中心治道与发展[M]. 王文章，毛寿龙等，译校. 上海：上海三联书店，2000：71-75.

累和矛盾激化；通过村级事务助理与村干部共同工作、加强监督，规范村干部的用权行为，有效地减少干群矛盾的发生，提高乡村治理的实际效果。

第五节 新农村建设规划技术导则分析

2000年2月，建设部发布《村镇规划编制办法（试行）》，为贯彻十五届三中全会精神，规范村镇规划编制工作，促进新农村建设发展，各省份结合自身情况编制适应当地的村镇规划编制技术导则。笔者对《江西省村庄建设规划技术导则》（以下简称《江西导则》）的内容进行了深度分析，并与其他省份的导则进行了比较，具体包括《江苏省村庄规划导则》（以下简称《江苏导则》）、《山东省村庄建设规划编制技术导则》（以下简称《山东导则》）、《广西村庄规划编制技术导则（试行）》（以下简称《广西导则》）等。

一、村庄布局的规划

各省份村庄布局标准的编制均结合当地实际情况，包括村庄人口、规模、用地选择等，对村庄的各区域进行了不同的限定。

《江西导则》条款1.6规定，充分利用丘陵、岗地、缓坡和非耕地进行建设，积极引导散居农户和村落向集镇或中心村集中。坚持"一户一宅"的基本政策，对一户多宅、空置老宅形成的"空心村"应整治、改造或拆除。

《江西导则》条款2.2规定，将村庄规模分为大、中、小三级。其中常住人口数量大于1000人的为大型中心村；300—1000人的为中型中心村；小于300人的为小型中心村。大于300人的为大型基层村；100—300人的为中型基层村；小于100人的为小型基层村（表3-24）。

表3-24 村庄规模分级表　　　　　　　　单位：人

村庄层次	基层村	中心村
大型	>300	>1000
中型	100—300	300—1000
小型	<100	<300

《山东导则》将村庄分为基层村和中心村，根据村庄规模采用不同的规划方式，常住人口数量较多或较少的村庄，应对其进行合理的调配，如改建、扩建、撤并、选址重建等，村庄建设用地的选择应结合实际情况。

《江西导则》条款2.1规定，村庄建设用地应选择适合建设的非耕地，并避开有发生山洪、泥石流、地震等自然灾害可能和具有历史文化价值的地段。

　　根据村庄的自然环境、村民的生活习俗、经济水平等因素，《村镇规划标准》和各省份导则对村庄类型进行了不同的分类。

　　《村镇规划标准》条款 4.2 规定，人均建设用地指标分为五级：人均建设用地在 50—60（包括）平方米/人的为一级；60—80（包括）平方米/人的为二级；80—100（包括）平方米/人的为三级；100—120（包括）平方米/人的为四级；120—150（包括）平方米/人的为五级。而且，人均建设用地指标级别为一、二级，且人均建设用地小于等于 50 平方米/人的，应增 5—20 平方米/人；人均建设用地指标级别为一、二级，且人均建设用地在 50.1—60 平方米/人，可增 0—15 平方米/人；人均建设用地指标级别为二、三级，且人均建设用地在 60.1—80 平方米/人，可增 0—10 平方米/人；人均建设用地指标级别为二、三、四级，且人均建设用地在 80.1—100 平方米/人，可增 0—10 平方米/人；人均建设用地指标级别为三、四级，且人均建设用地为 100.1—120 平方米/人，可减 0—15 平方米/人；人均建设用地指标级别为四、五级，且人均建设用地为 120.1—150 平方米/人，可减 0—20 平方米/人；人均建设用地指标级别为五级，且人均建设用地大于 150 平方米/人，应减至 150 平方米/人以内。

　　《江西导则》条款 1.7 将村庄规划分为新建型、改造型和保护型三类。

　　《山东导则》条款 3.2.2 将村庄划分为改建型和扩建型，并规定合理处理新旧村庄之间的建设关系，延展旧村庄的建设格局，打造新旧统一的村落，促进村庄积极有序的发展。

　　《山东导则》条款 2.2 规定，平原地区城郊居民点人均建设用地面积不得大于 90 平方米/人，其他居民点不得大于 100 平方米/人；丘陵山区居民点人均建设用地面积不得大于 80 平方米/人。

　　《村镇规划标准》条款 4.3.1 对中心村、一般镇各用地类别的占地按表 3-25 进行控制。邻近或位于旅游区及现状绿地较多的村庄，其公共绿地所占比例可大于 4%。

表 3-25　建设用地构成比例表　　　　　　　　单位：%

用地类别	占建设用地比例	
	一般镇	中心村
居住建筑用地	35—55	55—70
公共建筑用地	10—18	6—12
道路广场用地	10—17	9—16
公共绿地	2—6	2—4
总用地	67—87	72—92

《江西导则》条款 2.3 将村庄规划人均建设用地指标按以下要求控制：以非耕地为主建设的村庄，人均规划建设用地指标在 80—120 平方米；以耕地为主或人均耕地面积在 0.7 亩以下的村庄，人均规划建设用地在 60—80 平方米。

《山东导则》将村庄四类功能用地的比例控制为：居住建筑用地占 60%—75%，公共服务设施用地占 5%—10%，道路和活动场地用地占 8%—15%，绿化用地占 4%—6%。

《江苏导则》将产业布局分为两大类，即种植产业和养殖产业，并明确规定了各自的用地范围、规模、配备设施等。

二、住宅建筑的规划

村民对住宅建筑的要求是"越大越好"，导致部分村庄布局出现混乱无序的现象。村庄布局需要合理的规划，住宅也需要遵循科学的设计。新农村建设的开展，打破了农民以自我意识为中心的住宅建设观念，而是严格遵循所在省份发布的建设标准，建设一个实用、经济、节能、卫生的新型农村。

《山东导则》条款 5.2 规定，低层住宅宜采用联排式，限制建设独立住宅，经济发达地区应限制平房建设，建筑风格应体现地方特色。

《江苏导则》条款 3.3 提倡建设节能型住宅，贯彻"一户一宅"政策，根据主导产业特点选择相应的建筑类型。

《江西导则》条款 4.1 规定，新建住宅应以二至三层双拼式、联排式为主，允许建设多层公寓式住宅，但应避免建设独立式或单层式住宅。

《江西导则》条款 4.2 规定，根据占地类型，分别制定不同的面积标准。占用耕地的，每户宅基地面积不超过 120 平方米；占用原有宅基地或村内空闲地的，每户不超过 180 平方米；占用荒山荒坡的，每户不超过 240 平方米。

《江苏导则》条款 3.3.2 规定，宅基地面积的划分有两类标准。其一，根据人均耕地划分，人均耕地小于 1 亩的，每户宅基地面积不超过 133 平方米；人均耕地大于 1 亩的，每户宅基地面积不超过 200 平方米。其二，根据每户家庭成员人数划分，少于 3 人的，每户宅基地面积不超过 150 平方米；4 人的，每户宅基地面积不超过 200 方米；5 人及以上的，每户宅基地面积不超过 250 平方米；且建筑层高规定为 2.5—3.3 米，净高不宜低于 2.5 米。

《山东导则》条款 5.1.1 规定，住宅建筑面积每户不宜超过 250 平方米；建筑层高不宜超过 3 米，其中底层层高不超过 3.5 米；村庄低层住宅建筑密度不超过 35%，容积率不高于 0.6；多层住宅建筑密度不超过 25%，容积率不高于 1.1。[①]

---

① 山东省质量技术监督局. 山东省村庄建设规划编制技术导则[Z]. 2006：13.

《广西导则》条款 2.2.2 规定，平原地区的村庄，每户宅基地面积不超过 100 平方米；丘陵地区、山区的村庄，每户宅基地面积不超过 150 平方米；普通住宅层高宜为 2.8 米，不超过 3.3 米；卧室、起居室的室内净高不低于 2.4 米，局部净高不低于 2.1 米。

具体四省份住宅建筑规划指标见表 3-26。

表 3-26 四省份住宅建筑规划指标表

类别	山东	江苏	江西	广西
户型布局	底层联排式	"一户一宅" 第一产业：低层独院； 第二、三产业：多层公寓式	多层双拼式	第一产业：低层联排式； 第二、三产业：多层公寓式
面积/平方米	≤250	133—150	120—240	100—150
层高/米	3—3.5	2.5—3.3	3—3.6	2.8—3.3

《广西导则》条款 2.2.2 规定，住宅风貌设计要吸取优秀传统做法，进行创新和优化，宜以坡屋顶为主，并注意平屋顶、平坡屋顶等的运用；住宅庭院设计宜灵活选择庭院形式，丰富院墙设计；辅助用房设计应结合生产、生活需求，配置相应的附属用房。

《山东导则》条款 5.3.1 规定，村庄建筑应尊重传统的风俗习惯。在平面功能上应分区明确，减少相互干扰；立面风格应统一协调，突出地方特色；材料的选择应就地取材，因材设计。

《江西导则》条款 4.4.1 规定，住宅建筑的立面风格应突出地方特色，达到造型简洁、比例协调、风格统一，防止"城市模板"和千篇一律的"乡村模板"的出现。

三、公共设施的配置

村庄的公共设施大多处于不健全的状态，如部分地区的村民要步行 10 公里甚至几十公里到镇上才能解决上学、看病等问题，公共设施的缺乏为村民的生活带来了诸多的不便。

《村镇规划标准》将乡村公共设施的配置分为行政管理、教育机构、文体科技、医疗保健、商业金融、集贸设施六大类（表 3-27）。

《江苏导则》条款 3.2.1 规定，公共服务设施宜设置在村民方便的地方，如村口或村庄主要道路旁。村落布局为点状式的，可结合公共活动场地，形成村庄公共活动中心；村落布局为带状式的，可结合村庄主要道路形成街市。

表3-27 村庄公共设施项目配置表

类别	项目	基层村	中心村
行政管理	村（居）委会	●	-
教育机构	幼儿园、托儿所	●	○
	小学	●	-
	初级中学	○	
文体科技	文化站、青少年之家	○	○
医疗保健	卫生所	○	-
	计划生育指导站	○	
商业金融	百货店	○	○
	食品店	○	
	银行、信用社、保险机构	○	
	饭店、饮食店、小吃店	○	○
	理发店、浴室	○	
集贸设施	蔬菜、副食市场	○	

注：○为可设项目；●为必设项目；-为不需设项目，余同
资料来源：国家技术监督局, 中华人民共和国建设部. 村镇规划标准（GB 50188—1993）[S]. 1993.

《江西导则》条款3.2规定，根据村庄规模配置村委会、文化中心（站、室）、中小学、医疗室、商业服务网点等公共设施，以及村民进行休闲活动与社交活动的场所。

《山东导则》条款6.1规定，村庄公共设施分为公益性公共设施、商业性公共设施和服务性公共设施（表3-28）。根据村庄人口、等级和规模，设定公共设施的服务范围，对于规模较小的基层村，其公共设施可采取多村共享的方式。

表3-28 公共设施分类表

公益性公共设施	商业性公共设施	服务性公共设施
行政管理	日用百货	物业管理服务公司
文体科技	修理店	农副品收购加工点
教育机构	小吃、便利店	集市贸易场地
医疗卫生	娱乐场所	

《村镇规划标准》和各省份导则对其公共设施的技术指标给出了不同的标准。

《村镇规划标准》条款6.0.2规定，大型中心村行政管理建筑的人均用地面积为0.1—0.4平方米，教育机构建筑的人均用地面积为1.5—5.0平方米，文体科技

建筑的人均用地面积为 0.3—1.6 平方米，医疗保健建筑的人均用地面积为 0.1—0.3 平方米，商业金融建筑的人均用地面积为 0.2—0.6 平方米等（表3-29）。

表 3-29 中心村公共建筑人均用地面积指标表 单位：平方米

村庄层次	规模分级	公共建筑人均用地面积指标				
		行政管理	教育机构	文体科技	医疗保健	商业金融
中心村	大型	0.1—0.4	1.5—5.0	0.3—1.6	0.1—0.3	0.2—0.6
	中型	0.12—0.5	2.6—6.0	0.3—2.0	0.1—0.3	0.2—0.6

《村镇规划标准》条款 6.0.3 规定，村庄的公共建筑用地，除学校和卫生院以外，宜集中布置在位置适中、内外联系方便的地段。商业金融机构和集贸设施宜设在村镇入口等交通方便的地段。

《村镇规划标准》条款 6.0.4 规定，学校用地应设在阳光充足、环境安静的地段，距离铁路干线应大于 300 米，且主要入口不面向公路开放。

《江苏导则》条款 3.2 规定，公共服务设施配套指标按每人 1—2 平方米建筑面积计算。

《江西导则》条款 3.1 规定，公共设施配套指标按每人 1—3 平方米配置。

《山东导则》条款 6.4.1 规定，公益性公共设施按村庄人口规模配选（表3-30、表3-31）。

表 3-30 山东公益性公共设施配置标准表

项目类别	设施名称	小型村（<500 人）	中型村（500—1000 人）	大型村（>1000 人）
行政管理	村（居）委会	●	●	●
教育	幼儿园、托儿所	○	○	●
	小学	○	○	○
	初中	-	-	○
文化	文化活动站	○	○	●
	图书室	-	○	●
	老年活动室	-	○	●
医疗	门诊所	○	○	●
	卫生所	○	○	○
	计划生育指导站	-	○	○
体育	室内体育活动室	○	○	○
	健身场地	○	●	●
	篮球场	-	○	●

表 3-31　山东公益性公共设施面积标准表

编号	设施项目	建设规模
1	村（居）委会/平方米	200—500
2	幼儿园、托儿所/平方米	600—1800
3	文化活动站/平方米	200—800
4	老年活动室/平方米	100—200
5	卫生所、计生站/平方米	50—100
6	运动场/平方米	600—2000
7	公用礼堂/平方米	600—1000
8	文化宣传栏/米	长度大于100

《山东导则》规定，商业服务性公共设施需按照市场需要进行配置。小型村庄的建筑面积应大于 200 平方米，中型村庄的建筑面积应大于 400 平方米，大型村庄的建筑面积应大于 600 平方米（表 3-32）。

表 3-32　山东商业服务性公共设施面积标准表　　单位：平方米

村庄类型	小型村	中型村	大型村
设施建筑面积	>200	>400	>600

《广西导则》条款 2.3.2 规定，经营性公共设施根据市场需求合理设置：村（居）委会用地规模为 50—300 平方米；初级中学用地规模不小于 10 000 平方米；小学用地规模不小于 3000 平方米；幼儿园、托儿所用地规模要大于或等于 500 平方米；文化站用地规模不少于 50 平方米；体育、游乐场所须布置篮球场、乒乓球场、儿童游乐设施等；卫生所用地规模不少于 50 平方米；计划生育指导站用地规模不少于 30 平方米（表 3-33）。

表 3-33　广西公共设施项目配置标准表　　单位：平方米

类别	项目	基层村	中心村	建设规模
行政管理	村（居）委会	-	●	50—300，可附其他建筑
教育机构	幼儿园、托儿所	○	●	≥500，可单独或与其他建筑结合设置
	小学	-	●	≥3000，单独设置
	初级中学	-	○	≥10 000，单独设置

续表

类别	项目	基层村	中心村	建设规模
文体科技	文化站	○	●	≥50，可与公共服务中心结合设置
	体育、游乐场所	○	●	布置篮球场、乒乓球场、儿童游乐设施等，可与公共服务中心结合设置
医疗保健	卫生所	○	●	≥50，可与公共服务中心结合设置
	计划生育指导站	-	○	≥30，可与公共服务中心结合设置
商业金融	百货店	○	○	
	食品店	-	○	
	银行、信用社、保险机构		○	
	饭店、饮食店、小吃店	○	○	
	理发、浴室、染发店	-	○	
集贸设施	蔬菜、副食市场		○	
其他	养老福利院		○	

四、基础设施的确定

对比分析四省份规划标准在基础设施方面的规范差异，主要针对道路交通、给水工程、排水工程、供电工程、能源利用、环境卫生、防灾减灾等与乡村居民生产生活密切相关的基础设施项目进行对比分析。

该部分重点分析四省份导则在环境、社会和经济上存在的差异，以及对村庄建设标准的影响。

（一）道路交通规则

道路交通是诸多基础设施中受重视程度最高的，人均道路面积是衡量道路等级的重要标准。人均道路面积是指在指定区域内，每一居民平均占有的道路面积。据统计，2009 年全国人均道路面积达到 12.79 平方米[1]，2013 年人均道路面积达到 14.87 平方米[2]，2014 年达到 15.34 平方米[3]，同比增长 3.16%。山东省和江苏省农村地区人均道路面积分别为 18.94 平方米和 16.62 平方米，均高于全国平均标准。而江西和广西农村地区人均道路面积远远低于全国平均标准，分别为 12.2

---

① 中华人民共和国国家统计局. 中国统计年鉴（2010）[M]. 北京：中国统计出版社，2010：213.
② 中华人民共和国国家统计局. 中国统计年鉴（2014）[M]. 北京：中国统计出版社，2014：622.
③ 中华人民共和国国家统计局. 中国统计年鉴（2015）[M]. 北京：中国统计出版社，2015：633.

平方米和 10.53 平方米。①

《村镇规划标准》条款 8.1.2.2 将村镇道路分为四级，车行道宽度为 14—20 米的为一级道路，车行道宽度为 10—14 米的为二级道路，车行道宽度为 6—7 米的为三级道路，车行道宽度为 3.5 米的为四级道路。中心村应设有三、四级道路，大型村可设置二级道路，中型村可设三级道路，基层村应设有四级道路。

《江西导则》条款 5.1 规定，村镇道路分三级布置，即主要道路、次要道路和入户道路。主要道路路面宽度为 4.5—6 米，次要道路路面宽度为 3—4.5 米，入户道路路面宽度为 1—2 米。②

《山东导则》条款 9.2.2 将大型村道路配置分为主要道路、次要道路、宅间道路三级（表 3-34）。

表 3-34 山东省村庄道路配置标准表　　　　　　　　　单位：米

项目类别	大型村（＞1000 人）道路配置		
	主要道路	次要道路	宅间道路
路面宽度	10—14	6—8	3.5
建筑控制线	14—18	10	
道路间距	120—300	100—150	

《江苏导则》条款 3.4.2 规定，村庄主要道路的路面宽度为 4—6 米；次要道路的路面宽度为 2.5—3.5 米；宅间道路的路面宽度为 2—2.5 米。

《广西导则》条款 2.4.2 规定，村庄主要道路的路面宽度应大于 4.5 米，次要道路的路面宽度大于 2.5 米，宅间道路的路面宽度小于 2.5 米；路肩宽度可在 0.25—0.75 米。

江苏、广西、江西三省份的村庄道路配置标准的具体差异如表 3-35 所示。

表 3-35 江苏、广西、江西村庄道路配置标准表　　　　　　单位：米

项目类别	江苏	广西	江西
主要道路	4—6	＞4.5	4.5—6
次要道路	2.5—3.5	＞2.5	3—4.5
宅间道路	2—2.5	＜2.5	1—2
路肩宽度		0.25—0.75	

① 中华人民共和国国家统计局. 中国统计年鉴（2015）[M]. 北京：中国统计出版社，2015：645.
② 江西省城乡建设厅. 江西省村庄建设规划技术导则[Z]. 2006：15.

另外，笔者在研究过程中发现，经济相对发达地区的农村道路建设水平较高，停车场等公共设施的设置也较为完善。

《江西导则》条款 5.1.3 提出，新建村庄应考虑配置农用车辆和大型农机具停放场所。

《广西导则》条款 2.4.4 规定，农用车停车场地可布置在住宅庭院内，公共建筑停车场地应根据车流量集中统一布置。

《山东导则》条款 9.3.1 规定，停车场的规模按每户 0.5—1.0 个停车位的标准布置。

（二）给水工程规划

给水工程是新农村建设中的另一项重要基础设施，农村用水主要涉及农田灌溉、林牧渔用水、生活用水、工业用水。

据调查，2016 年全国总用水量达 6040.2 亿立方米，农业用水量达 3768.0 亿立方米，人均用水量达 438.1 立方米。2017 年全国总用水量达 6043.4 亿立方米，农业用水量达 3766.4 亿立方米，人均用水量达 435.9 立方米。[1]

2017 年，江苏总用水量最高，达 591.3 亿立方米，主要集中在农田灌溉和工业用水。广西总用水量为 284.9 亿立方米，主要用于农田灌溉，占比为 68.7%。江西总用水量为 248 亿立方米，也主要用于农田灌溉（63%）。山东总用水量最低（208.47 亿立方米），64%用于农业灌溉（表 3-36）。

表 3-36 2017 年山东、江苏、广西和江西用水情况表

项目类别	山东	江苏	广西	江西
总用水量/亿立方米	209.47	591.3	284.9	248
农田灌溉/%	64	47.5	68.7	63
工业用水/%	13.8	42.3	16.2	24.4
生态用水/%	5.7	0.3	1	0.9
生活用水/%	16.5	9.9	14.1	11.7

资料来源：国家统计局. 中国统计年鉴 2018[M]. 北京：中国统计出版社，2018.

从图 3-2 中可以看出，2015 年江西总用水量为 245.8 亿立方米，其中农业用水 154.1 亿立方米，占总用水量的 62.7%。其次是工业用水占 25%和生活用水占 11.4%。生态用水占比最小，仅有 0.9%。[2]2020 年江西总用水量达 244.1 亿立方

① 国家统计局. 中国统计年鉴 2018[M]. 北京：中国统计出版社，2018.
② 江西省统计局，国家统计局江西调查总队. 江西统计年鉴（2018）[M]. 北京：中国统计出版社，2018：243.

米，其中农业用水占 66.3%，工业用水占 20.6%，生态用水占 1.3%，生活用水占 11.8%。[①]图 3-2 显示，江西农业用水量、生活用水量、生态用水量整体均呈现稳步增长趋势，而工业用水量，2020 年比 2015 年降低了 18.18%。

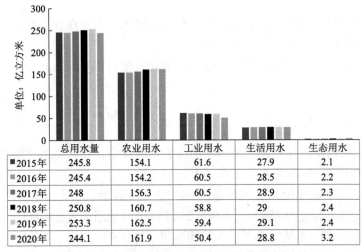

	总用水量	农业用水	工业用水	生活用水	生态用水
■2015年	245.8	154.1	61.6	27.9	2.1
■2016年	245.4	154.2	60.5	28.5	2.2
■2017年	248	156.3	60.5	28.9	2.3
■2018年	250.8	160.7	58.8	29	2.4
■2019年	253.3	162.5	59.4	29.1	2.4
■2020年	244.1	161.9	50.4	28.8	3.2

■2015年　■2016年　■2017年　■2018年　■2019年　■2020年

图 3-2　江西省 2015—2020 年用水量构成图

资料来源：江西省统计局，国家统计局江西调查总队. 江西统计年鉴（2016）[M]. 北京：中国统计出版社，2016；江西省统计局，国家统计局江西调查总队. 江西统计年鉴（2017）[M]. 北京：中国统计出版社，2017；江西省统计局，国家统计局江西调查总队. 江西统计年鉴（2018）[M]. 北京：中国统计出版社，2018；江西省统计局，国家统计局江西调查总队. 江西统计年鉴（2019）[M]. 北京：中国统计出版社，2019；江西省统计局，国家统计局江西调查总队. 江西统计年鉴（2020）[M]. 北京：中国统计出版社，2020；江西省统计局，国家统计局江西调查总队. 江西统计年鉴（2021）[M]. 北京：中国统计出版社，2021.

根据用水需求，《村镇规划标准》和各省份制定的给水规划标准也不相同。

《村镇规划标准》条款 9.1.2.1 规定，居住建筑的生活用水量应按现行的有关国家标准进行计算。公共建筑的生活用水量可按住宅生活用水量的 8%—25% 计算。

《山东导则》条款 9.4.3 规定，村庄总用水量中，浇洒道路和绿化、管网漏水量、未预见水量等综合用水指标设为 100—120 升/人/日。[②]

《江苏导则》条款 3.5.2 规定，用自备水源的村庄应配套建设净化、消毒设施，给水管网的供水压力须满足建筑室内末端供水龙头不低于 1.5 米的水压。[③]

《江西导则》条款 5.2.1 规定，给水工程规划包括用水量预测、水质标准、供

---

① 江西省统计局，国家统计局江西调查总队. 江西统计年鉴（2021）[M]. 北京：中国统计出版社，2021：262.

② 山东省质量技术监督局. 山东省村庄建设规划编制技术导则[Z]. 2006：14-15.

③ 江苏省质量技术监督局. 江苏省村庄规划导则[Z]. 2006：12.

水水源、输配水管网布置等，综合用水指标为 100—200 升/人/日。[①]

《广西导则》条款 2.6.1 规定，人均生活用水量指标为 60—160 升/人/日。

（三）排水工程规划

我国农村地区的供水水质一直令人担忧。有关资料显示，我国饮用水的污染主要来源于藻毒素、腐殖酸、农药等有害物，而这些有害物的产生主要源于农村生活污水处理设施的严重滞后、村庄污水管网的基础设施不完善、生活排放废水、农业退水污染等。

据调查，江西省多数农村河流达不到相应区域的水质要求，水质的污染使水生态系统受到严重损害。湖面漂浮的藻类植物与湖水散发出的恶臭扑面而来，污染的严重性令人触目惊心。

前瞻产业研究院发布的《2015—2020 年中国污水处理行业市场前瞻与投资战略规划分析报告》显示，截至 2014 年 6 月底，我国城镇污水处理能力从 2010 年至 2013 年平均每年增加 966.67 万立方米/日，到 2014 年变为 1.54 亿立方米/日。[②]反观农村地区，污水处理设施较少，污水处理率不足 10%。[③]

《村镇规划标准》条款 9.2.2 规定，生活污水量按生活用水量的 75%—90%计算。

《江苏导则》条款 3.5.2 规定，村庄应集中或相对集中地收集处理污水，不能集中处理的应就地处理。

《山东导则》条款 9.5 明确规定，排水工程规划包括确定排水体制、排水量预测、排放标准、排水系统布置、污水处理方式等。其中生活污水量按生活用水量的 80%—90%估算。

《江西导则》条款 5.3 规定，村庄排水系统可采用雨污合流制，也可采用分流制，污水量按生活用水量的 80%计算。污水在排入自然水体之前应采取集中式设施或分散式设施等污水净化设施进行处理。

（四）供电工程规划

我国城市电力覆盖率为 100%[④]，然而农村地区的电力覆盖率却远远不足，供电问题成为新农村发展中急需解决的问题。笔者在村庄调查时发现，部分村庄的村民仍在使用手电筒、烛火甚至油灯照明。道路照明设施形同虚设，甚至一些地

---

① 江西省城乡建设厅. 江西省村庄建设规划技术导则[Z]. 2006：16.

② 前瞻产业研究院. 2015—2020 年中国污水处理行业市场前瞻与投资战略规划分析报告[R]. 2016.

③ 李云，夏训峰，陈盛，等. 我国农村生活污水处理地方标准现状、问题及对策建议[J]. 环境工程技术学报，2022，12（1）：293-300.

④ 我国电力普及服务已取得巨大进展[EB/OL]. https://baijiahao.baidu.com/s?id=1723346904486511743&wfr=spider&for=pc.

区没有安置照明设施，漆黑的道路让夜间出行严重受阻。

2004 年 12 月，中央一号文件提及"进一步加强农业和农村基础设施建设"，要解决农村水电问题，农村电网改造成为推动新农村发展的重要内容之一。

《村镇规划标准》条款 9.3 规定，村庄供电工程规划包括村庄地域范围内的供电负荷，确定电源和电压等级，布置供电线路、配置供电设施。

《江西导则》条款 5.4.2 规定，配电设施应保障村庄居住用电、道路照明和夜间应急照明的需求。

《江苏导则》条款 3.5.3 规定，村庄变压器的布点应遵循"小容量、多布点、近用户"的原则。村庄低压线路的干线宜采用绝缘电缆架空方式敷设为主，低压架空线路的干线截面不小于 70 平方毫米。低压线路的供电半径不超过 250 米。灯具设置标准如表 3-37 所示。

表 3-37　江苏省灯具设置标准表　　　　　　　　　　　单位：米

项目类别	道路宽度	灯具间距	灯具高度	采用形式
主要道路	4—6	25—40	3—5	单排设置
次要道路	2.5—3.5	20—30	2.5—3.5	单排设置

（五）邮电工程规划

各村庄邮政、电信设施规划不均衡。距离县镇较近的村庄，邮政、电信设施较为完善，但距离县镇较远甚至位于山间、山顶的村庄，邮政、电信设施几乎没有。道路的不畅通，使邮递员进入村庄受到阻碍；电力设备的不完善，使通信塔无法在村内设立，部分村庄信号微弱甚至毫无信号，与外界的联系甚微。

《村镇规划标准》条款 9.4 确定了邮电工程规划，包括邮政、电信设施的位置、规模、设施水平和管线布置。

《江苏导则》条款 3.5.4 规定，村庄的固定电话主线容量按 1 门/户计算，另外考虑 10% 左右的公共用户。

（六）环境卫生设施规划

生活垃圾问题与污染问题一样，都是影响村容村貌的重要因素。四省份的导则对环境卫生设施规划方面做出了明确规定。

《山东导则》条款 9.10 规定，无害化卫生厕所覆盖率需达到 100%，普及水冲式卫生公厕。村庄公共厕所的服务半径为 300 米，垃圾收集点的服务半径不超过 70 米。①

---

① 山东省质量技术监督局. 山东省村庄建设规划编制技术导则[Z].2006：14.

《江苏导则》条款 3.5.6 规定，村庄生活垃圾应实行垃圾袋装化，垃圾收集点的服务半径不超过 70 米；1500 人以下的村庄，宜设置 1—2 座公厕，1500 人以上的村庄，宜设置 2—3 座公厕。[1]

《江西导则》条款 5.8 规定，村庄应贯彻"分类收集、定点存放、定时清运、集中处理"的原则，垃圾收集点的服务半径不超过 70 米；村内设置公共厕所，并提高无害化公厕的覆盖率，且每座厕所最小建筑面积不低于 30 平方米。

《广西导则》条款 2.8 规定，特大型村庄设置 2—3 座公厕，大型及以下村庄设置 1—2 座公厕；村内设置的垃圾箱的服务半径为 50—80 米。

四省份导则中分别规定的公厕、垃圾收集点的设置标准如表 3-38 所示。

表 3-38 公厕、垃圾收集点的设置标准表

项目类别		山东	江苏	广西	江西
垃圾收集点服务半径/米		≤70	≤70	50—80	70
公共厕所服务半径/米		300		-	
公厕建筑面积/平方米				-	≥30
公厕数量/座	特大型村		2—3	2—3	
	大型村		1—2	1—2	

（七）防灾减灾规划

村庄遇到小型灾害时，自救是主要的救援方式，但当面临大型天灾时，闭塞的交通会延缓救灾时间，大大增加遇害人员的数量。因此，防灾减灾规划的完善有利于保障村庄及村民的安全。

《村镇规划标准》条款 9.5.3 规定，位于蓄、滞洪区内的村落，应修建围村埝（保庄圩）、安全庄台、避水台等就地避洪安全设施，且位置应避开分洪口、主流顶冲和深水区，安全超高的设置应符合表 3-39 的规定。

表 3-39 就地避洪安全设施的安全超高

安全设施	安置人口/人	安全超高/米
围村埝（保庄圩）	地位重要、防护面大、人口≥10000 的密集区	>2
	≥10000	2.0—1.5
	≥1000 且 <10000	1.5—1.0
	<1000	1.0

[1] 江苏省质量技术监督局. 江苏省村庄规划导则[Z]. 2006：18.

续表

安全设施	安置人口/人	安全超高/米
安全庄台、避水台	≥1000	1.5—1.0
	<1000	1.0—0.5

注：安全超高是指在蓄、滞洪时的最高洪水以上，考虑水面浪高等因素，避洪安全设施需要增加的富裕高度

《江西导则》条款 5.9.1 规定，村庄按规范设置消防通道，主要建筑物、公共场所应配备消防设备，禁止将生产、储存危险物品的工厂、仓库布置于村庄内。

《山东导则》条款 9.1.1 规定，村庄应保证建筑和各项设施之间的防火间距，除此之外，按村庄等级制定适当的防洪标准。

《江苏导则》条款 3.7 规定，村庄按规范布置消防通道和消防设施，结合农田水利设施需求，确定村庄排涝工程设施的规模，对滑坡、塌陷、地震等地质灾害提出预防和治理措施。

五、绿化与景观环境的融合

如何利用村庄的自然特点展示其地方文化，形成地方特色，是笔者在研究各省份导则时关注的问题。为避免村庄为了模仿、复制城市化景观形式而丢失自身的乡土特色，各省份根据各地村庄的不同风格特色、地形地貌、生活习俗、传统文化等，形成了具有地方特色的新农村。

《江西导则》条款 6.3 规定，要对村庄内劣地、坡地、洼地进行绿化布置，植被采用宜生长、抗病害、生态效应好的地方品种，并重视对古树名木的保护。

《山东导则》条款 8.2 规定，新建村庄绿地率不小于 30%，旧村改造绿地率不小于 25%。小型村庄的人均公共绿地面积不小于 0.5 平方米，中型村庄的人均公共绿地面积不小于 1.0 平方米，大型村庄的人均公共绿地面积不小于 1.5 平方米。

《江苏导则》将村庄景观分为村口景观、水体景观、道路景观、其他空间景观。道路两侧绿化以乔木种植为主，灌木为辅，避免与城市化的绿化种植模式和模纹色块形式相同。

第六节　美丽乡村建设相关政策导向

美丽乡村是新农村的升级，是乡村整治建设的典范。2008 年，浙江省安吉县正式提出建设"中国美丽乡村"计划，并出台《建设"中国美丽乡村"行动纲要》。2010 年，国家标准化管理委员会首次将浙江安吉"中国美丽乡村"列为第七批农业标准化试点项目。2014 年 4 月，浙江省在总结安吉建设"美丽乡村"经验的基

础上，结合自身实际状况，发布了全国首个美丽乡村的地方标准《美丽乡村建设规范》（DB33/T912—2014）（以下简称《浙江规范》）。2015 年 4 月，中华人民共和国国家质量监督检验检疫总局、中国国家标准化管理委员会发布了建设美丽乡村的国家标准《美丽乡村建设指南》（GB/T32000—2015）（以下简称《国标指南》）。2016 年，山东省发布了省级地方标准《生态文明乡村（美丽乡村）建设规范》（DB37/T2737—2016）（以下简称《山东规范》）。2016 年 1 月，陕西省结合国家标准、各地方标准发布了由大荔县质量技术监督局牵头制定的《美丽乡村建设规范》(DB61/T922—2015)（以下简称《陕西规范》）。

美丽乡村建设的相关文件不仅解释了美丽乡村"是什么"，而且对"做什么"和"如何做"也进行了系统性的阐述。具体来讲，美丽乡村建设要更重视村民的意见，实现乡村建设与村民的良好互动，明确美丽乡村"是什么"的重要思想。优化乡村的生态环境，摆脱污、黑、烂的恶劣环境，明确美丽乡村"做什么"的重要方向。从污染如何防治、厕所如何改造、基层如何组织、如何长效管理等具体的实际操作，实现美丽乡村"如何做"的发展目标。最终实现"全面升级""乡风文明""管理民主""宜居宜业""一村一品"的美丽乡村建设。

一、以完善村庄建设为发展策略

传统村落历经十年的新农村建设，村庄的基础设施已基本完善，村庄规划从实用、经济型的"文明乡村"向生态、美观型的"美丽乡村"转型。而美丽乡村的建设更多地融合了人们的审美观念，乡村建设不再只是设计师和领导者的个人主义，而是全民参与的集体设计。

各省份在实施美丽乡村建设中都提到"五美"，分别是科学规划布局美、村庄整洁环境美、创业增收生活美、乡风文明身心美、山清水秀生态美。

《国标指南》条款 5.1.2 提出，村庄规划编制应深入农户实地调查，充分征求意见，并宣讲规划意图和规划内容。条款 5.1.3 要求村庄功能布局要以合理、安全、宜居、美观、和谐、配套完善为主。

各省份的建设规范中纷纷提出，美丽乡村的建设要以人为本，全民参与，以绿色生态为导向，注重对传统文化的保护与传承。乡村建设要在符合卫生、安全的基础上，注重与环境的协调。对具有历史文化价值的村庄，应保持和延续村庄的传统格局和历史风貌，维护其完整性、真实性和原始性；对影响村庄环境的残破或倒塌的墙体、危旧房、棚舍，进行清除整治；对影响村庄外观审美的外墙、屋顶、窗、门、栏杆等，进行合理美化。

《浙江规范》条款 5.3 提出，乡村建筑的形式、体量、色彩和高度等要做到协调、美观，门牌的设置要融合乡村风格，体现出地域特色，倡导绿色建筑。

《国标指南》条款 6.2.1 规定，村庄道路应在原始形态上进行优化，主干道的路面硬化率应达到 100%。

《浙江规范》条款 5.4.1 规定，在危险性事故的多发路段，应加设防危护栏，设置警告、视线诱导标志和路面标线。对路基宽 3.5 米受限路段，重点强化安保设施设置。

《国标指南》条款 6.2.2 规定，新置桥梁优先采用本地材料，在安全、美观、与环境相协调的基础上体现地域风格。

农村饮用水安全关系到村民的日常生活和身心健康。据调查，江西省以江河水、井水为主要水源的村落，集中式供水占 16.8%，分散式供水占 83.2%，丰水期、枯水期的集中式供水水质不合格率分别为 37.2% 和 35.2%，分散式供水水质不合格率分别为 68.1% 和 57.3%，超标指标主要为细菌总数和总大肠菌群。[①]

这些数据表明，江西省农村地区集中供水程度低且水质不合格率较高，细菌指标严重超标，饮用水安全存在较大隐患。

《国标指南》条款 6.2.3 强调要加强对水源地的保护，保障村庄饮水安全。

《生活饮用水卫生标准》（GB 5749—2006）中规定，农村饮用水中含砷量不得超过 0.05 毫克/升，硝酸盐含量不超过 20 毫克/升，氟化物含量不超过 1.2 毫克/升。农村饮水安全覆盖率达到 95% 以上，详见表 3-40。

表 3-40 农村小型集中式供水和分散式供水部分水质指标及限值表

	指标	限值
微生物指标	菌落总数（CFU/毫升）	100
毒理指标	砷（毫克/升）	0.05
	氟化物（毫克/升）	1.2
	硝酸盐（以 N 计，毫克/升）	20
感官性状与一般化学指标	色度（铂钴色度单位）	20
	浑浊度（NTU-散射浊度单位）	3
	pH（pH 单位）	6.5—9.5
	溶解性总固体	1500
	总硬度（以 $CaCO_3$ 计，毫克/升）	550
	耗氧量（CODMn 法，以 02 计，毫克/升）	5

① 何加芬，姚玉斌，徐岷，等. 2007 年江西省农村饮用水卫生状况分析[J]. 环境与健康杂志，2008，25（12）：1083-1085.

续表

指标		限值
微生物指标	菌落总数（CFU/毫升）	100
感官性状与一般化学指标	铁（毫克/升）	0.5
	锰（毫克/升）	0.3
	氟化物（毫克/升）	300
	硫酸盐（毫克/升）	300

供电、通信设施应满足村民基本的生产生活需求，线路架的排列应整齐、安全、美观。

二、以优化生态环境为突破口

"十四五"美丽乡村建设规划提出，到 2025 年，以农村生活垃圾治理、污水治理、厕所革命、村容村貌提升为主攻方向，努力实现美丽乡村"441"[①]建设目标。[②]村落环境的改善使人们对传统村落有了全新的认识，颠覆了以往脏乱差的恶劣形象，生态、淳朴、绿色等成为村落的代名词，生态保护、污染防治、村容整治是优化乡村环境的主要突破口。

（一）生态保护

社会经济的快速发展，加之人类过度地开发，利用自然资源兴建利益工程，致使环境遭受较大破坏，如土壤沙漠化、水土流失、气候变异、生态平衡失调等。《国标指南》为了预防村庄自然资源的流失，为村庄区域内水土流失、荒漠化等问题提供了综合治理方法，具体包括：保护村庄山体、湿地、水体、植被等原生资源，还原村庄原生态的自然景观；对增殖放流和水产养殖生态环境实施修复，改善土壤环境，提高农田质量；对外来物种引入实施严格规定，防止外来物种对环境的破坏。

（二）污染防治

环境污染是破坏村落环境质量的重要因素，环境污染不仅影响人们的日常生

---

① "441"：建设 4000 个左右美丽乡村中心村、40 000 个左右美丽宜居自然村庄，提升 1000 个左右乡镇政府驻地建成区建设水平。
② 中华人民共和国农业农村部. "十四五"美丽乡村怎么建？（2022-01-20）[EB/OL]. http://www.moa.gov.cn/xw/qg/202201/ t20220120_6387291.htm.

活、视觉审美，更危害人们的身体健康。乡村的环境污染主要来源于农业、工业和生活废弃物。制定完善的预防规范，是优化乡村生态环境的主要对策。

1. 农业污染的防治

农业污染是指农民在农业生产过程中使用高毒高残留农药以及未合理处理的污染物对水体、土壤、空气等造成的污染。据国土资源部对农耕用地变化情况分析，2004 年，我国耕地总量减少 1718.8 万亩，其中因建设占用耕地 217.6 万亩，灾害受毁耕地 94.9 万亩，农业结构调整减少耕地 307.0 万亩，生态退耕 1099.3 万亩；可用耕地 18.37 亿亩，比 1996 年的 19.51 亿亩减少了 1.14 亿亩，人均耕地由 1.59 亩减少至 1.41 亩。[①]

《国标指南》条款 7.2 规定，农业固体废物（如农药瓶、废弃塑料薄膜、育秧盘等）及时处理，农膜回收率≥80%，农作物秸秆综合利用率≥70%，畜禽粪便综合利用率≥80%，病死畜禽无害化处理率达 100%。

2. 工业污染的防治

工业污染是指村域内工业企业在生产过程中形成的废水、废气、固体废物、噪声等对环境的污染。

《国标指南》明确规定，工业污染源达标排放率为 100%。

《陕西规范》规定，饮食业油烟达标排放率达到 95% 以上。

3. 生活污染的防治

乡村生活污染主要来源于生活垃圾和生活污水。城市具备完善的垃圾处理系统，而乡村因垃圾处理系统不完善，出现较普遍的生活垃圾堆积、污染等现象。

《国标指南》条款 7.2.3 规定，生活垃圾无害化处理率达 80% 以上。合理布置垃圾收集点、建筑垃圾堆放点、垃圾清运工具等，推行生活垃圾分类处理和资源化利用，立即及时清运，防止二次污染。

生活污水中含有腐烂有机物，排入水体后，容易造成河水变黑变臭、鱼类生物死亡、污水面积扩大等现象，可通过建立污水处理系统，实行粪污分流、雨污分流等，解决村域内污水污染问题。

《国标指南》规定，生活污水处理农户覆盖率为 70% 以上。

《陕西规范》规定，村域内农家乐的污水处理率达 75% 以上。

（三）村容整治

村容整洁是改善乡村风貌的必要手段，也是美丽乡村建设的目标之一。"村

---

① 中华人民共和国国土资源部. 2005 中国国土资源公报[R]. 2005：2-3.

庄整洁、水源清洁、环境美化"是对美丽乡村村容整洁内涵最好的诠释。

1. 村庄整洁

改善村民的生活环境，清除露天焚烧垃圾、秸秆等现象；规划畜禽养殖区域，实行人畜分离；规范殡葬管理，尊重民俗礼仪，提倡生态安葬；对村庄内厕所进行改造，严禁搭建露天粪坑和简易茅棚，按标准建设卫生公厕，并设专人打扫管理。

《国标指南》条款 7.4.3 规定，村落卫生厕所普及率为 80%以上，卫生公厕拥有率高于 1 座/600 户。

《陕西规范》条款 6.2.3 规定，农村卫生公厕拥有率高于 1 座/3 平方公里，且每 3 平方公里配备 1 名以上保洁员。

2. 水源清洁

改善河道水系的环境和饮用水环境，对村域内坑塘河道进行整治，河道、沟渠、水塘保持清洁，无漂浮物、动物尸体、垃圾等杂物，村民住宅前后无污水溢流。①

3. 环境美化

优化乡村村容村貌，以生态美为原则，兼顾实用、经济、美观、适度绿化，与地域形态、人文景观相结合；对古树名木采取设置围护栏等方式进行保护，并设立标志牌；新移栽植被选用乡土植物，采用多种形式的绿化布局。

《国标指南》条款 7.4.2 规定，村庄绿化宜采用本地果树林木花草品种，兼顾生态、经济和景观效果，其中山区大于等于 80%，丘陵地区大于等于 50%，平原地区大于等于 20%。

《浙江规范》条款 6.3.2 明确规定，山区村和海岛村建成区的林木覆盖率应大于 15%，半山区村应大于 20%，城郊村和平原村应大于 25%，且村庄内建有 1 个 300 平方米以上的休闲绿地。

三、以改善生活条件为首要目标

乡村建设的一个基本目标是改善农村生产生活条件，水平、标准、档次可以因地而异、高低有别，重点是保障基本功能，解决突出问题。②乡村建设不仅包括乡村的基础设施建设，还包括乡村治理机制培育、乡村产业可持续发展、社会

---

① 浙江省质量技术监督局. 美丽乡村建设规范（DB33/T912-2014）[S]. 2006.
② 建设宜居宜业美丽乡村——权威解读《乡村建设行动实施方案》[EB/OL]. http://www.gov.cn/zhengce/2022-05/24/content_5692003.htm.

公共服务和乡村文化建设等。[①]但是，一方面，传统农业生产经济效益较低；另一方面，现代化科技产业给传统农业带来强烈的冲击。双重影响下，如何改变农村地区产业形式？如何增加村民的经济收入？如何完善村民的生活保障？这些都是美丽乡村建设面临的现实问题，传统村落设计转型不只是村容村貌、建筑样式、景观环境等表面现象的转型，更需要政策、经济、文化等的扶持，从而形成一个完整的、系统的、以设计为落脚点的传统村落转型体系。

（一）乡村产业的发展

2011年3月，"十二五"规划纲要提出，积极推动产业转型升级，带动服务业的大力发展，建设资源节约型、环境友好型社会。农业生产从传统耕作方式向机械化、自动化转型。乡村的作坊经营模式向互联网网店经营模式发展。这些农业生产的转型不仅改变了农村传统的经济模式，也为乡村结构带来了巨大变化。

发展生态循环的经济产业，吸引低开采、高利用、低消耗、低排放的优质工业企业进入农村。结合乡村产业发展农副产品加工、林业产品加工、手工制作等，提高农产品附加值。[②]

另外，乡村旅游业的迅速发展，为乡村经济带来全新的格局。依托乡村优质的自然生态资源、人文历史资源、传统风俗民情、生活生产方式及地域特色，发展农家乐、渔家乐、农事体验等旅游服务项目，促进乡村林业、农业等第一产业的发展，同时带动乡村商业、餐饮、交通等相关服务产业的发展。

鼓励开展土地托管、测土配肥、农技推广、动植物疫病防控、农资供应、农业信息化、农业机械化、农产品流通、农村金融等第一产业社会化服务项目[③]；建设融资担保、人才培训、创业辅导、法律服务等农村服务体系；促进金融租赁、节能环保、互联网科技、现代物流等生产性服务业发展。

（二）社会保障的完善

尹蔚民提出，统筹推进城乡社会保障体系建设，要"坚持全覆盖、增强公平性，整合城乡居民基本养老保险和基本医疗保险制度"等战略部署和具体要求。[④]相对于城市健全的社会保障制度而言，乡村的社会保障制度还需要进一步完善，城乡社会保障制度在一些方面存在差距[⑤]，主要体现在收入、基础设施水平上。

---

① 建设宜居宜业美丽乡村——权威解读《乡村建设行动实施方案》[EB/OL]. http://www.gov.cn/zhengce/2022-05/24/content_5692003.htm.

② 吉林省新农村办. 吉林省美丽乡村考核评分参考细则[J]. 吉林农业，2017（9）：19-21.

③ 董国权. 深入推进美丽乡村建设 开启幸福美好新生活[J]. 吉林农业，2016（17）：26-30.

④ 尹蔚民. 统筹推进城乡社会保障体系建设[J]. 求是，2013（3）：23-25.

⑤ 李迎生. 农村社会保障制度改革：现状与出路[J]. 中国特色社会主义研究，2013（4）：76-80.

国家已出台多项扶持政策，拉动农村经济增长，增加农民收入，缩小城乡收入差距。

近年来，农民的社会权利受到国家高度重视，缩小城乡社会保障权利差异、提高农民社会保障待遇是缩小城乡社会保障制度差距的有效方式。

1. 医疗卫生的不断完善

农村医疗保障是为患有疾病的农村居民在治疗期间产生的收入损失和医疗支出所给予的补偿，具有短暂性、救助性、福利性。目前，农村的医疗保障具有多种形式，其中合作医疗制度是农村医疗最为常见的形式。

《国标指南》条款 9.1.1 提出，为了建立健全医疗卫生服务体系，建有符合国家相关规定、建筑面积大于等于 60 平方米的卫生室。条款 9.4.3 规定，农村居民享有城乡居民基本医疗保险参保率应大于等于 90%（山东省参保率大于等于 97%，浙江省参保率大于等于 95%）。

2. 教育体系的逐渐健全

完善农村教育体系是提高农民文化素质的主要方式，是平衡城乡教育水平的重要手段。多数村庄距离城镇较远且不具备完善的基础设施和公共设施，加上村庄教育资源的落后，导致乡村教育体系发展缓慢。

我国要实现城乡全民奔小康的目标，完善农村教育体系是必不可少的环节，教育的滞后一定会成为社会前进路上的绊脚石。《国标指南》条款 9.2 规定，村庄幼儿园、中小学建设应符合教育部门布点规划要求，全面普及学前教育和九年义务教育，学前一年毛入学率应大于等于 85%，九年义务教育目标人群覆盖率应达到 100%，巩固率应大于等于 93%。

3. 养老保障的实现与突破

农村养老保障是国家对农村老年人建立的保障体系。养老保障与医疗保障都是农村社会保障制度的核心，都为农村老年人的生活提供了一份安全保障。

《国标指南》规定，农村养老体系以居家养老为基础，中、大型村庄或经济较发达村庄可建设老人日托中心、幸福院等养老设施。

4. 公共安全的必要保障

干旱、洪涝、台风、地震、山体崩塌、滑坡、泥石流等自然灾害威胁着村庄安全，村域内应设立容量大于 50 人的村级避灾场所，建立健全防危、救灾机制。但是，村庄内的常发灾害不是自然灾害，而是人为灾害。增强村民的防危意识、宣传安全疏散及逃生自救技能、健全村庄治安管理制度、加强安全保卫工作，是保障村民安全的主要手段。

四、以提高精神文明为基本原则

乡土文化是中国文化的根源，传统文化经历千百年的传承。人们对乡村文化爱恨交加，既无法摒弃优质的乡村文化，也无法剔除恶俗的封建习俗，如此反复的恶性循环，导致优质乡村文化的发展受阻。无论是优质的乡村文化还是恶俗的封建习俗，都无法在瞬息之间发扬或剔除。

加快推进村庄精神文明建设工作，提高村民品德风范，具体做法有：第一，乡村积极开展精神文明、道德观、社会主义核心价值观、法治政策等的宣传教育。第二，倡导崇善向上、尊老爱幼、诚信友善的文明乡风，如利用道德讲堂、文化活动场所举办道德讲座，强化村民正确的道德观、价值观、政策观，引导村民形成良好的道德风尚。实施以"孝、诚、爱、仁"为主旨的"四德工程"。第三，开展移风易俗活动，引导村民摒弃陋习，如规范红白喜事活动的形式，采用生态安葬方式，禁止使用土葬和封建迷信用品。第四，建立完善的禁黄、禁赌、禁毒管理机制。第五，尊重各民族的宗教信仰、风俗民情，引导村民认清封建迷信、陈规陋习的危害，树立正确的信仰，满足人们对乡土文化的精神需求，重拾传统文化的优秀品质。

第四章

美丽乡村实施技术的调整

新农村历经十年的建设，村庄的基础设施已基本完善，但从村庄设计的层面来看，村容村貌的改造工作还在进行中，而且新农村建设中遗留的部分问题仍未得到解决，新的问题又不断出现。

为了提升村民生活质量，住建部出台了针对新农村建设的国家标准，各省份积极响应国家号召，纷纷出台适合本地域的省级地方标准。但是，我国很多传统村落并没有按照国家标准或地方标准进行村庄的总体规划，部分村庄管理者对村庄的发展定位不明确，导致制定的村庄规划只是为了应付政策需要，根本没有真正的实施。

传统村落要想成功转型为宜人、宜居、和谐、生态的美丽乡村，首先要深入调查和研究村庄的整体设计，对村庄用地布局、建筑、环境、配套设施等方面进行摸底，结合村庄具体状况，重点对以下几个方面进行深入研究：第一，村域内空间用地布局；第二，结合规范指标，对村域内功能配套进行完善；第三，确定各类建设用地的比例；第四，合理规划建筑形态；第五，对村庄进行生态保护、环境治理；第六，注重村庄特色的传承。

第一节 传统村落空间设计的调整

村落空间形态是经过人与自然长期磨合、适应而形成的，它不仅表达了建造者的主观意志，而且诠释了乡村的生长形态。明确村庄空间结构规划，如以某种强势空间（如宗祠）为中心，其他空间围绕其展开。强势中心的存在起到稳定村庄空间结构重心的作用，被村民认可的村落空间结构能够有效地维护村落的社会关系，所以强势中心的地位越重，空间结构越稳定。强势中心可以是一个或者是多个，但是无论是几个，空间结构的重心都是朝中心点集聚，并依次向外减弱的。

城乡差距的存在，使城市的繁华成为村民所向往的，许多村庄建设开始模仿城市"宽马路，两排树，大广场，小别墅"的规划形式，对村庄的建筑进行大肆拆除，村庄空间结构变得混乱，村庄的独特性、趣味性、多样性被抹杀。村庄经历千百年的更迭，但其空间结构并没有发生较大的变化，说明其存在的合理性。空间结构转型的关键，要顺应村庄原有的空间结构，包括村落形态趋势、道路交通结构、街道空间尺度等。

一、公共空间的调整

传统村落的公共空间布局灵活多变，但依旧井然有序，它以生态环境为载体、传统文化为精神信仰，两者相互融合形成了生态盎然、充满人情温暖的村落公共空间。传统村落公共空间的多变性衍生出不同功能的区域空间。对传统村落公共空间的布局形态按"点""线""面"的形式进行分析，从村落强势中心点出发，以场所精神理论为指导思想，为传统村落实现转型提供新思路。

（一）"点"的构成——中心与精神

以点构成村落公共空间的空间核心，是传统村落空间"中心"地位和"场所"精神的象征，村落的中心点可以以一个或多个的形成呈现。场所精神是指人的记忆将事物具象化和空间化，是对某个地方或事物产生的认同感和归属感。在公共空间形态不断充实、完善的传统村落中，场所精神一直存在于村落公共空间内，以"精神点"为中心呈放射状或同心圆的形式向外延伸。一般而言，传统村落的"精神点"常常指家族宗祠、庙宇，这些空间存在于人们的心中，这是一个永恒的精神，是传统村落实现设计转型必须维护的精神核心。

传统村落的点状空间除了"精神点"外，还有其他的空间，如水井、桥头、广场等。在同一村落内，周围几户甚至十几户村民共同使用同一口水井，且水井周边通常设置一块面积不大的空地供村民休息、交流，这类使用率较高的小型的点状空间陪伴着村民，成为他们日常生活的依托。

箬竹村内有超过 30 公里的峡谷溪流，因此桥梁的存在是必不可少的。箬竹村的 2 座明代古桥位于三泉潭和下山殿上，距今已有 300 多年历史，桥头空间不仅联系两岸交通，更以具有村落传统文化的公共村建存在。

（二）"线"的方位——布局与骨架

确定村落空间的"核心点"后，其他空间的延伸和扩展必然沿着其脉络和走向来布局，而这一脉络就是传统村落公共空间向外延伸的"线"，是公共空间的整体布局与骨架，是形成具有层次、方向性村落公共空间的主要脉络。在规划"线"性空间时，应重点注意村庄地形地貌，遵从原有道路、河流的走向，构建灵活多变的公共空间。

"线"除了可以延伸村落公共空间外，还可以避免村落无序扩展。在规划美丽乡村时，可以借助河流、山脊、树林、道路等线性元素，明确村落发展方向，构建清晰完整的村落空间，有效地抑制村落因无规律延伸造成的无序、离散，建设积极的、活跃的、利于交往的公共空间。

（三）"面"的领域——区域与界限

传统村落的公共空间结构在"点"和"线"的组织下形成了"面"，"面"性空间规模相对较大，往往由多个点状空间组成，如以宗教与血缘关系为纽带构成的居住空间。构成居住空间的主要是住宅建筑和院落，同族同姓的村民聚居在一起形成一定范围的区域空间，这些区域空间的存在反映了传统村落中的宗族结构。

传统村落的面性空间包括村落商业空间、生活空间及巷道空间。箬竹村为峡谷型地貌，四面环山，梯田层叠，家家户户耕种栽植。相对于其他村落，箬竹村的商业空间被弱化。生活空间是指村民的居住空间。巷道空间则是村落统一区域内，按照宗族地位的不同划分出的各自空间领域。

二、功能空间的充实

随着美丽乡村建设的推进，在村民生活方式发生转变的同时，村庄的功能也发生了改变。原有的部分功能随着社会的变化已经淡化，但新功能未得到及时的补充和完善。

原有的部分功能空间，如老戏台、公共食堂、饲养处等被荒废，虽然戏剧作为传统文化在乡村仍有流传，但老戏台因常年未经整修，安全得不到保障，原有的功能基本废弃。对于这类已经丧失使用价值的功能空间，应区别对待，对具有文化遗留价值的予以保留，没有价值的可进行拆除。

宗祠、庙宇、旧学堂等这类功能空间对村庄有着重要意义，它不仅是村庄重要的强势中心，也是维系村民间关系的重要纽带，更是乡土文化传承的象征。针对这类具有象征意义的功能空间，规划时应最大程度地修复并还原其功能，对不再使用的功能可改建为其他需求的功能空间（如学堂），大多村庄的学堂已经废弃，学生都转到镇、县城学校，村庄内原有学堂可改为其他功能的空间（如村民活动中心）继续使用。

引进新的功能空间，如娱乐中心、文化站、老年活动中心等，改善村民的生活条件，提高村民的生活质量。在建设新的功能空间时，应结合村庄空间结构的等级规划，合理分布新功能空间，遵从村庄空间秩序，并便于村民的日常使用。

三、住宅空间的重构

住宅的空间布局是乡村建筑设计的核心，是建筑设计师诠释村落建筑文化的重要方式，也是村落设计成功转型、改变村民生活方式的重要途径。传统村落的住宅空间是村民日常生活的场所，住宅空间的转型是由村民生活方式和生产方式的转变引起的。本部分主要通过空间形式的转变、空间功能的转变、院落空间的优化三个方面来分析传统村落居住空间的转型。

（一）空间形式的转变

美丽乡村的建设带动了传统村落的发展、村民生活水平的提高、新功能的引入，村民对住宅空间的需求不断提高，为了避免村民建设新住宅时过度占用土地，居住空间的形式应在符合地方标准的情况下，将一层平面转为二层或三层，这样既能满足村民对住宅空间的需求，又能改善住宅的通风采光。

随着年轻劳动力从城市迁回乡村，村落人口数量递增，与此同时，村落的住宅空间并没有因为人口数量的增加而显得拥挤。随着住宅空间的扩大、质量的提升和空间利用率的提高，人们对空间的私密性、独立性、光照度、通风度及附属空间的需求也随之提高。家庭改变了以往群居的生活模式，不再拥挤在同一个潮湿、昏暗的狭小空间，而是拥有了自己的独立空间。除此以外，根据各空间的功能需求增加了设施、设备、管线等的预留位置，村落住宅空间的形式变得多样化。

（二）空间功能的转变

引起住宅空间功能转型的根本原因是传统建筑的空间功能无法满足人们日常生活、生产的需求。美丽乡村建设根据村民的需求对住宅的空间功能做出了相应的调整。

为了防止传统村落因顺应空间转型而走向"千村一面"的趋势，在完善住宅空间功能时，应符合村落的整体风貌，将功能相近或无用的功能空间进行整合再利用。例如，箬竹村村民将沿道路的一层住宅空间改为了餐饮空间、娱乐空间等。

（三）院落空间的优化

院落是乡村传统建筑空间体系的重要元素之一，是私密空间与开放空间之间的过渡空间，也是情感和自然的融汇空间。在乡村，院落具有生产、用餐、纳凉、交流、休闲、储藏、种植、晾晒等多种功能，是村民生产和生活场所的一部分。越来越多的年轻人选择定居乡村，不仅是为了建设家乡或还乡祭祖，追寻安逸、舒适的乡村生活也是当代年轻人选择乡村生活的目的，而院落空间正是打造诗意田园生活、提升人们生活幸福指数的重要空间。院落的形式多样，通常是由院墙围绕建筑体而形成。

绿植是美化院落空间的快捷手段，因地制宜选用当地树种，将树、花、果、蔬多种植被相结合，如种植遮阴树，搭建葡萄架、藤萝架和花架，形成庭院小气候，丰富庭院的色彩，将绿化、美化、香化、彩化、田园化紧密结合，形成体现乡村小院悠闲、惬意、舒适的氛围。[①]

四、交通体系的完善

经过新农村建设，传统村落主要的道路系统得到改善，但是仍然有较多村庄的次要道路、乡间小道、宅间道为原始泥泞的砂土路，一些狭窄的道路无法承受人流交汇，车辆更是无法通行。新修的道路也因缺乏专职人员的打理，出现道路硬化程度不足、路面破损严重、道路塌陷等问题，在一定程度上阻碍了村落经济的发展。

（一）道路规划

村落道路的选择与布局应遵从原始的道路走向，减少挖山修路、填河修路等破坏生态环境的行为，美丽乡村的建设是为了让人们体会村落的淳朴和大自然的亲和，由内而外地感悟美丽乡村给予人们的舒适。

村落道路规划除了需考虑当地居民点的发展趋势外，还需充分考虑村民生产运输、出行、公共交通等情况。笔者在箬竹村调查时发现，当地村民从事不同的行业，使用的车辆也大多不同，涉及农用机车、小货车、摩托车、面包车、小轿车等。基于《农村公路建设管理办法》[②]，根据乡村不同等级道路的实际使用情况，科学规划乡村道路，避免出现"大材小用""小题大做"的现象。

按使用功能，村庄道路分为外部道路和内部道路。外部道路与居民点紧密联系，便于居民出行。同时也要与田间道路相联系，便于村民从事生产劳动。按照美丽乡村建设规范的标准规划道路宽度、断面厚度等，外部过境道路不得穿过村庄内部，已穿过的道路应尽快调整；规划道路尺度时，应考虑不同类型车辆的尺寸、绿化、管线铺设等因素。

① 韩思. 易县山区乡村聚落景观生态设计研究——以狼牙山镇东西水村为例[D]. 河北农业大学, 2010: 21-22.
② 农村公路建设管理办法(中华人民共和国交通运输部令 2018 年第 4 号)[EB/OL]. http://www.jiangxi.gov.cn/art/2018/8/27/art_5394_397771.html.

（二）道路建设

为了确保进出村庄车辆的安全和舒适，道路规划坡度应按照美丽乡村建设规范的标准控制，道路最小纵坡度应大于等于 0.3%，平原地区村庄道路纵坡度应小于 6%，山区村庄道路纵坡度应小于 8%，减少道路频繁起伏和连续急转弯等情况。

道路横坡应根据村庄原始的路面宽度、面层类型、纵坡度及气候等条件决定。机动车道路路面以水泥、沥青为主，非机动车道路路面可采用石板、鹅卵石、红石等地方石材资源。道路两侧必须设置排水沟渠，并根据当地降雨量计算排水沟渠的宽度和深度。①道路两侧绿化应考虑环境、日照、通风等因素。主要道路应设置照明设施，照明设施应遵循安全、节能、便于维修的原则，且绿植应及时修剪，防止遮挡照明。

箬竹村的机动车道、非机动车道、人行道的宽度分别为 6 米、1 米、0.5 米。公路两旁采用自然过渡方式，经过村庄田园、溪流等路面采用自然的生长植被，不过多地进行人工种植。村庄修建溪流旁的游步道时，采用的麻石、青石板等也都是本地材料，部分路段采取栈道方式修建，宽度约为 1.5—2 米，村内台阶高度控制在 15 厘米左右。梯田间修建了一条步行通道，采用的防腐木、鹅卵石、麻石进行铺设，宽度约为 1—1.2 米。

（三）停车场建设

小型车辆可停放至住宅庭院内，中大型车辆应停放在停车场。村庄停车场应就近安排，服务半径应为 100—150 米。大型村庄停车场出入口不应少于两个，净距应大于 10 米，小型村庄可设一个出入口。②停车场应与排水设计相结合，采用空心网格砖这类透气、透水性较好的铺装材料，种植绿化草皮，每隔 3—5 个停车位栽种樟树或水杉，形成绿色生态停车场。

第二节　传统村落建筑设计的转型

一、拆除与无序

新形势、新制度下，我国农村规划建设正实现从"新农村"向"美丽乡村"的转型。新农村时期，新建住宅如雨后春笋般拔地而起，然而，一些村落受住宅

---

① 张军，方明，邵爱云，等. 因地制宜 整治为先 务求实效 共建家园——《村庄整治技术导则》编制介绍[J]. 小城镇建设，2005（11）：57-60.

② 山东省标准化研究院. 生态文明乡村（美丽乡村）建设规范（DB37/T2737—2016）[S]. 2016.

建设规划不合理和村民显富、攀比等心理因素的影响，新建住宅没有遵守地方建设规范标准，住宅越建越大、越建越高、越建越乱，造成资源和资金的极度浪费。新建住宅多由村民自搭自建，缺乏专业规划和设计的指导，加上村民对城市建筑风格的崇拜，导致某些新建住宅的色彩、格局和样式与周边环境及村庄风格极不协调。再者，村民自身缺乏对施工技术的认知，建筑材料多选用落后、廉价的建材，部分村民甚至自己挖土烧砖，自烧砖的质量不仅无法达到使用标准，而且破坏了村庄资源，对村庄环境造成一定的污染。

在传统村落的转型过程中，住宅作为村容村貌的展现元素，老化是不可避免的现象。在破旧的建筑未得到及时修补前，新建筑就在旧建筑周边或另选新址重建，导致村庄布局一片混乱。

"拆除"是指对已经失去使用价值且存在危险的旧建筑进行全面拆除，拆除后的宅基地根据村落布局进行重新规划，以改善村落生态环境，提高村民的生活质量。拆除产生的建筑废料并不是建筑垃圾，其中仍有较多完整的石条、石块、石板、砖、瓦和可使用的黏土等，对部分有害的物质进行特殊处理，其他的建筑材料可进行回收再利用。

"无序"是指在村落转型过程中，由无计划、无规律建设而形成的混乱格局，主要表现在建筑高度、形式、色彩及外墙材质等几个方面。

新农村建设时期，村民在新建住宅时通常抱有越高越好、越大越好的心态，建筑高度从一层到五层不等，建筑风格杂乱无章，传统的两坡式、现代的平顶式、欧式、罗马式等样式并存。

郑家住宅是黄沙镇公认最好的房子，该房子是将旧宅拆除后重新建造的，建筑形式、风格等都是户主郑先生自主设计的，整体为欧式现代风格，砖混结构，外墙立面采用欧式风格的面砖贴置，该建筑（含建筑材料和室内装修）总造价近50万元，被黄沙镇居民认为是最奢华的住宅建筑，但该房子的风格与村落环境极不融洽。五花八门的建筑形式、风采各异的奇特搭配，是村庄风格混乱的主要原因。建筑色彩涉及白色、米黄色、灰色、红色、蓝色、绿色等颜色，正是这些杂乱、花哨的建筑色彩，破坏了村庄和谐、统一、融洽的乡村环境。

二、修缮与改造

受气候、文化、地域、宗教等因素的影响，江西传统民居的建筑风格与众不同，但本质上都遵从天人合一、以人为本的建设理念。民居建筑风格体现的是当地民俗和宗教理念。

民居建筑作为村落的主体，其设计应考虑当地文化价值和文化特性，采取合适的处理方式。一方面，对体现传统建筑文化风貌和文化价值的旧建筑，采取恰当的保护措施；另一方面，对已经新建的住宅建筑实行外立面改造，在实现功能现代化的同时，充分利用先进的技术和手段，实现与传统建筑、村落环境的融合统一。

（一）修缮

1. 传统建筑修缮的原则

传统建筑的修缮应遵守"修旧如旧"的原则，在不改变建筑原状的情况下，还原建筑原始风貌。对保存完好的旧建筑，除日常维护外，还需减少对建筑的干预，必须干预时，应将干预程度降到最低；对于需要修复的建筑，采用传统做法采取干预措施。对旧建筑的所有组成部分同等重视，如屋顶、门窗、墙面、结构构件、板材等，注重整体的协调性。

2. 传统建筑修缮的方法

（1）拆除后期加建、违建及不合理整改部分

为了满足日常生活所需，人们往往会在传统建筑的基础上增添新的功能空间，如加建厨房、库房、阳台、畜棚、坡道、台阶、花池等，破坏了原有建筑的立面装饰。可根据传统建筑修缮不改变建筑原始风貌的原则，将违规部分进行拆除。

（2）修缮破损的部分

传统建筑经过自然风化，屋顶局部区域出现漏雨现象，致使屋梁、房柱等受到不同程度的损坏，可根据受损情况采取不同的处理。如需要更换材料，更换材料应与原材料保持一致。例如，屋面原瓦受到损坏时，如根据坏损情况需要更换瓦片的话，新瓦片需与原瓦片材质保持一致。

（3）添补遗失的建筑构件，整体加固门窗

被人为破坏的建筑构件，修缮时应以历史原貌为依托，按照构件原有样式、材质及色彩进行添补，以保护传统建筑原始风貌。同时，出现松动的门窗，必须进行整体加固，对于个别损坏面积较大的门窗，可采取更换处理，但更换的门窗需保持原门窗的样式，遵从传统建筑修缮原则，保持建筑整体的协调性。

（4）修缮建筑的墙面

大部分传统建筑的墙体都有不同程度的问题，如倾斜、裂缝、渗水等，分析其建筑结构后，根据需求对其采取不同的干预方式。

对于裂缝的墙面，采用石灰砂浆填补墙体整砖裂缝，断砖采用同尺寸土砖更换，恢复墙体原始风貌。墙面遭到人为污染时，先对墙面进行清理，污染较重的部位可采用化学除污清理，然后对清理后重新粉刷的墙面做旧处理。被人为破坏或因自然风化造成的脱落或被蔓藤植物覆盖等墙面问题，对被损坏的墙面，实行补填，补填材料需与原材料保持一致。对于渗水的墙面，找出渗水原因，若是墙

体裂缝导致的雨水渗漏，则按裂缝修缮方式进行干预。

3. 修缮的材料

本部分主要从两个方面进行分析：一是原材料的再利用；二是更换材料的选取。

（1）原材料的再利用

对旧建筑拆除遗留的建筑废材进行回收，经过处理，将能直接使用的材料继续使用，对表面有损坏但不影响结构的建筑废材，依据材料现状进行填补修复。将这些建筑废材再利用于传统建筑的修缮中，做到了真正保存原材料，还原传统建筑原始风貌。

（2）更换材料的选取

对于更换的材料，除了无法找到的材料，可选择相近的材料作为替代外，其他的均应与原材料的类型、材质、尺寸、样式、色彩等相同。"就地取材"是修缮传统建筑的重要手法，这不仅意味着传统建筑特色的继承，更有助于群众参与，与传统手工艺相联系，为修缮和改造传统建筑提供便利，而且更容易做到"远看一致，近看无差"，有利于展现传统建筑的风貌和体现现代技术的高超。

（二）改造

传统村落建筑改造不只是单纯地对建筑进行保护或还原村落建筑形式和环境，更是为了将传统文化与现代文化相融合，展现传统建筑的文化内涵，还是对传统村落建筑进行再创造。

建筑改造不同于新建，改造的过程中，设计策略不再是"非新即旧"，而是新旧建筑相互独立、自治，通过改造建立新旧建筑之间的联系，完成传统与现代的融合共生。在传统村落建筑群体的改造中，如何寻求新旧建筑间的平衡点，是本章论述的重点。

根据对传统村落中新旧建筑之间的不同价值及不同建构关系，笔者总结出以下三种改造策略，并分别称之为"去留"、"共生"和"再生"。

1. 旧建筑的去留

保留原有建筑是大多数改扩建遵循的主要原则，但是如何保留，需要根据原有建筑的价值进行判断。目前，多数保护改造策略主要针对保护类遗产建筑，因为它是历史的象征，对其的改造策略应忠于原建筑。但是，在面对传统村落中一些普通的公共建筑、住宅建筑时，改造策略显然要脱离"完整保留"的框架，而"修旧如旧"的改造手法是最常用的。

对于"去留"的理解不能局限于"谁去谁留"，而是如何将去的东西留下来。

前文提及，可以将原建筑拆除下来的废弃材料再利用，如箬竹村将原建筑拆卸下来的夯土用于新建筑的修缮或庭院矮墙的砌筑，原建筑拆卸的入户木门可用于庭院户门或建筑户门。

对于保留较完好的建筑，可将当地传统施工工艺与新的建造技术相结合，在建筑原有的基础上增添一些格调，突出地方特性。例如，将原建筑上拆除的门板改造成桌子，将旧木门窗改造为室内的隔断，将大小不同的簸箕组合排列作为墙面装饰等，不仅可以避免建材垃圾的产生，还能创造出具有地域性的独特风格。

2. 新与旧的共生

保留新建筑与旧建筑中相对独立的创造理念，采用融合、共生的设计策略，构成新的建筑样式。旧建筑常用夯土、条石、毛竹等"旧"元素，而新建筑大量采用钢材、瓷砖、大理石等"新"元素，新元素的使用在一定程度上影响了旧建筑传统形式的传承，随之削弱的是传统建筑在人们心底的记忆。新旧建筑的融合共生是对旧建筑的一次反证，为旧建筑提供一次全新的构筑机会，强化旧建筑在传统村落的历史意义。

传统村落建筑常见的构筑样式是木结构、夯土墙、条石墙，新建筑通过简化建构方式，将旧元素进行叠加，如"条石墙+木结构""夯土墙+木结构""条石墙+夯土墙"等，形成新的建筑墙体样式，展现新旧建筑的融合共生。

3. 新建筑的再生

传统村落中除了有保留下的旧建筑外，还有以"独傲"的姿态坐落于村庄内的新建筑。新农村时期建设的建筑大多以"千奇百怪"的姿态呈现，如"欧式建筑""西式建筑"，这与旧建筑、村落环境产生了巨大的不协调，这些"奇怪"的建筑成为美丽乡村重点改造对象。

新旧建筑要想和谐共生，必定要摆脱对城市风格的盲目崇拜，寻找一个相对独立的"个性"和和谐统一的"共性"共存的设计思路。不少新建筑改造希望能保留旧建筑的传统样式，以及传统村落的文化符号，则可以将传统符号与新建筑融合，如利用拆除后的木构架作为墙面装饰，达到视觉上传统元素与新建筑的和谐统一。新建筑内部墙面多使用白墙，用传统工艺整体抹灰做旧墙体肌理，弱化墙体的崭新感；新建筑中采用的"怪异"装饰物在传统建筑中显得尤为突兀，旧建筑中的装饰是展现传统文化的一种艺术形式，将元素、部件进行提炼、分解形成新的装饰样式融入新建筑之中。

传统装饰是村落的象征符号，但全部运用传统装饰让人感到乏味，重新审视传统元素，用创新的思维融入美丽乡村建筑的改造中，为新建筑注入新的生命。第一，对具有代表性的符号进行提炼，加工后在新建筑中再运用；第二，打乱传统元素后再重新搭配，形成独特的村落元素加以运用；第三，以传统符号为底色，吸取其他艺术的精华，创造出新的装饰符号。

三、新建与发展

为了避免村落设计出现"千村一面"的现象，需因地制宜地设计乡村建筑风貌，杜绝照搬城市居住社区的模式和样板村模式。住宅建筑的建设应响应美丽乡村建设口号，"建设经济、政治、文化、社会和生态文明协调发展，规划科学、生产发展、生活宽裕、乡风文明、村容整洁、管理民主，宜居、宜业的可持续发展乡村"[1]。新宅用地应布置在空气污染源常年最小风频的下风侧和水污染源的上游，新建居民点要相对集中，保障村民的基本生活条件和环境、经济、设施合理有效地使用，新建住宅区要与农作业点方便联系，建设标准应满足当地建设规范中规定的各项指标，避开山体滑坡、洪水、泥石流等危险地带。

在农村，建设一套新宅要花费村民几年、几十年甚至是一生的积蓄，因此实现美丽乡村建设，改善村民的居住条件，就必须将经济放在首位。在建设新宅时，应对建设资金的使用采取有效的控制，最大程度地减少新宅建设成本，为村民的生活提供保障。

第一，深入调查村庄总体收支水平和村民的经济承受能力，根据建设规范标准，合理规划住宅面积和建设规模，建设舒适、实用的美丽乡村住宅。新宅内应设有客厅、卧室、厨房、储藏室、卫生间等基本功能空间，功能布局在符合建设标准的基础上，顺应村民生活习惯。新宅主楼底层面积不宜大于宅基地面积的70%，新宅净层高不宜超过 3 米，底层层高不宜超过 3.5 米。[2]

第二，新宅方位应安排南北朝向，避免东西向布置，功能布局紧凑，各功能空间应减少交叉干扰，实行寝居分离、食寝分离、人畜分离。低层新宅建筑密度小于等于 30%，容积率不宜高于 0.8；多层新宅建筑密度小于等于 25%，容积率不宜高于 1.5。每户新宅至少设有一个能获得冬季日照的居住空间，不宜小于南侧建房高度的 1.1 倍，除消防通道外，山墙之间的距离不得小于 2 米。卧室、客厅、厨房应设置通风外窗，窗面积与地面面积之比不应小于 1：7，每户新宅通风开口面积不小于地面面积的 5%。新宅入口与过道的净宽不宜小于 1.2 米，通往卧室、客厅的过道净宽不宜小于 1 米，通往厨房、卫生间、储藏室的过道净宽不宜小于0.9 米。外窗窗台距离楼面、地面的净高低于 0.9 米时，应设置防护设施。阳台栏

---

① 中华人民共和国国家质量监督检验检疫总局，中国国家标准化管理委员会. 美丽乡村建设指南（GB/T 32000—2015）[S].2015.

② 山东省质量技术监督局. 山东省村庄建设规划编制技术导则[Z].2006.

杆应有防护措施，防护栏的垂直杆件间净距不应大于 0.11 米。①

第三，厨房、卫生间、储藏室、过道等次要空间，在满足基本设施齐全的基础上，减少空间面积，以降低新建住宅的建筑面积。新宅厨房内应设有炉灶、洗涤池、油烟机等设施或预留位置，卫生间应设有蹲坑（坐便器）、洗浴器、洗漱台等设施，且卫生间地面和墙面应具有防水设施，没有设置外窗的卫生间，应安置排风扇等通风设施，上下层卫生间要相互对应，不应交错安置。

第四，新农村建设时期，村落住宅的建筑造型、建造材料、建筑色彩等方面紧跟城市建筑步伐，住宅的墙面和屋顶等外观多模仿城市建筑风格，采用瓷砖、玻璃、涂料等建造材料，建筑色彩和建造模式抛弃了原有的传统元素，致使村落的传统风貌、地域性特征逐渐减弱。例如，修水县黄沙镇虽然对民居建筑进行了重新规划，但建筑色彩要么是简单地保留了单个传统色彩，要么是盲目套用城市色彩，采用多种色彩随意拼凑，缺乏对自然色彩与人工色彩关系的思考，致使建筑色彩与地域环境格格不入，村庄地域性的特征也随之消逝。

地域色彩更多的是指人们对地方的情感，而不是一种风格，是当地人对村落的情感寄托，是外来人对村落特色认识的最佳方式。新建住宅的色彩规划应从文化、自然等方面对村落建筑色彩元素进行挖掘，强化村落地域形象。因此，应提高村干部和乡村设计师的审美能力、文化素养，加强村民对地域建筑色彩的认识，培养当地居民对村落的归属感和自豪感。设计师在对新宅建筑规划设计时，应深入了解村落传统文化、村民对居住环境的想法和日常生活习惯，利用先进技术，提炼乡土技术中的可用元素与传统建筑设计相融合，设计出符合地域特色的色彩趣味和村民能够接受的建筑色彩。

以黄沙镇箔竹村的新建住宅为例，村落低平区域的住宅为集中式建设，建筑色彩以土黄色为主色调。靠近山水、田地区域的住宅，保持空间环境通透开阔的形态，建筑色彩在村落色彩统一的情况下，采取少量红、白等鲜明色彩进行点缀。分散在村落周边的散居住宅，其间隔距离多为几十米或上百米，视觉距离较远，且周围的背景均为绿色，应采用鲜明的色彩，增强色彩对比，凸显建筑本体，提高视觉冲击力。

第五，乡村地域文化是通过地方符号与象征（如方言、风貌、民风、民俗等地方传统），将现代工业技术的理性和地方情怀的感性相结合，将村落精神等地方符号从现代设计方式中展现出来，增强村落的凝聚力。强调乡村符号与地域性营造的关系，展现村落传统的风貌、风采，不仅是乡村设计的目的，更能拉近村落与人们的情感联系，增强人们对村落的认同感和归属感。

① 中华人民共和国建筑部. 中华人民共和国国家标准住宅建筑规范（GB 50368—2005）[S].2005.

村落地域性的本质是人们心灵归属的一种安置，成熟的地域符号是人们心理对自我的认同和自豪。建设淳朴、美丽的传统村落，首先要培养当地居民的审美意识，增强对自我、村落的认同感。挖掘地域传统建筑的文化内涵，提取其优质元素进行再创造形成地域符号，将抽象符号具象化，具象符号意境化，再通过建筑语言将其表现出来，展现美丽乡村的新风貌。

第三节 传统村落景观设计的重构

景观设计体系的重构对改善传统村落环境具有颠覆性作用，是村落规划建设必不可少的部分，传统村落有着独特的个性，但同时也存在较多问题。传统村落要成功转型必须抛弃套用城市景观的构建模式，对村落景观进行合理规划，建立布局合理、功能丰富、地域独特、环境优美、自然生态型的美丽乡村景观体系。

传统村落的景观规划除了应满足景观的功能外，还应从审美的角度对村落景观进行系统规划。要想对村落景观实行全面改善，首先要对村落环境卫生实行妥善的治理；其次要细分村落的公共空间，按照不同的空间性质，对庭院空间、街巷空间、广场空间等采取不同的重构方式；最后要对村落标志性景观、节点景观等特色景观进行重新分类，增强村落的核心力。

一、村落环境整治

创建美丽乡村，开展美丽乡村建设活动，推进生态文明建设，重点是推广节能减排技术，改善乡村人居环境，落实生态文明建设，提倡经济、实用、生态、美观的设计理念。勤俭节约是中华民族的传统美德，在打造村落景观时，选用物美价廉的材料，打造符合村落地域特色的景观环境，对过分装饰、个性夸张，造成村落景观"争奇斗艳"的现象实行全面整治。

传统村落的环境污染较为严重，主要源于垃圾就地焚烧所产生的空气污染、生活污水乱排放带来的水源污染，因此美丽乡村在建设过程中应统一规划建设，及时处理对村落环境造成污染的源头，避免造成二次破坏。

部分村落因规划跟不上建设的速度，导致村落景观布局规模小、建设乱或直接采用"乡村模板"进行建设，从而出现"千村一面"的现象。美丽乡村建设要打破"乡村模板"的"魔咒"，从规划上制定严格的管理政策，依据村落状况逐一规划，杜绝一切与村落环境不相符元素的使用。

在规划村落景观时，应注意以下几点：①屋顶形式应沿用村落原有的屋顶形式，高低起伏、错落有致的屋顶丰富了天际线，从功能、形式上与村落传统民居的风格相统一。屋顶材料最好采用青瓦、石板瓦等，以凸显村落自然、古朴、真实的氛围。在色彩的选择上，要避免使用白瓷砖、玻璃幕墙、不锈钢等现代材料，而是采用朴素、素淡、柔和的当地乡土材料，以与传统民居相协调，突出村落住宅景观的特色。②环境污染是影响村落环境的重要方面，调查结果显示，全国 26省的农村，有 75.9%的村落受到了不同程度的污染，生活污染对农村环境的影响最大。①环境污染已经严重威胁村民的身心健康，应积极引进惠民工程对村落环境进行维护，如增设污染排放管道、垃圾箱、垃圾处理站，培养村民养成良好的卫生意识。③在村落环境整治中，首先要考虑对村落内古树名木的保护，加强对古树名木的保护教育，增强村民的保护意识，制定相关法规对攀爬、砍伐等破坏古树名木的行为进行严厉惩罚；其次村落应以种植本土的花草植被为主，杜绝城市的绿化模式，不得使用与村落环境不相符的景观小品，如欧式喷泉、雕塑等，提倡就地取材，采用当地材料进行景观设计。

二、公共空间景观设计

（一）院落空间

院落是我国村落建筑中最具特色的空间，是一种半开放式的空间。经过长期的发展和转变，各地域村落形成了具有典型地方特色的院落空间形式，如北京四合院、安徽天井院等。在村落设计转型中，院落空间的景观不仅要满足功能、交通和空间感，也要从审美的角度体现院落空间的舒适和生态美。

院落景观体现了村民居住环境和村落精神面貌，也反映了院落主人的审美层次。如何体现院落的乡土气息和乡村生活的朴实，而不是千村一面的"乡村模板"或照搬城市环境，这是本书研究传统村落院落空间设计的重要方面。

院落设计要坚持真实、实用、生态的原则，充分利用生活、生产用具表现院落的真实性和特色性，如利用板车、大水缸、簸箕、竹篮、扁担等对院落进行点缀，以增加乡村的生活气息。利用农作物造景，既可食用又可观赏，如种植具有观赏性的蔬菜，种植桃、杏、枇杷等果树，搭配桂花、栀子花、茉莉花等有香味的花木丰富院落空间环境，改善院落小气候，既可以美化院落空间，还可以增加村民的收入。不同的季节观赏不同的院落景观，品尝不同季节的蔬菜、瓜果，将乡村环境发挥至最佳，真正展示最朴实、生态、自然的乡村院落环境。

（二）街巷空间

街巷空间除了要承担村庄的交通功能外，还是村民交往和展现村庄环境、文

① 王永生，刘彦随. 中国乡村生态环境污染现状及重构策略[J]. 地理科学进展，2018，37（5）：710-717.

化和风俗民情的空间。村落内街巷设计需以便捷、舒适、人性化为标准,其形态变化应遵循原街巷形式,根据道路主次对空间进行适当调整,既不能空间层次单调乏味,也不能与建筑的比例失调。根据街道尺度制定街巷空间的比例,一般街巷空间的宽高比为1:1.5米,严格控制尺度比,可以避免街巷尺度因太小显得狭窄或因过大而显得空洞。

村落内街巷的竖向界面作为街巷空间的一部分,可采用当地攀藤植物对建筑墙体进行软装饰,街巷两侧种植当地特色植物,丰富街巷空间细节,增加街巷构成韵律。

街巷空间不仅具有交通功能,同时蕴含丰富的村落文化,街巷上布置具有村落文化特征的景观节点,有利于增加村落的辨识度和村落历史文化的传承。这些具有象征性的景观节点可以是具有文化意义的历史标志,也可以是历史悠久的古树。

(三)广场空间

村落公共空间中,除了街巷空间外,还有大小不一的村落广场,它们构成了村落中的空间聚集节点。村落广场与城市广场不同,受人口、环境、地位的影响,村落广场用地规模小,服务半径小,使用人群多为当地村民。作为空间集聚的重要节点,村落广场的功能包含了休闲、娱乐、交流、商业活动、生产活动等。因此,在规划广场空间时,需在充分体现广场空间的开放性的同时,还要与街巷空间和住宅空间相互联系,既突出空间功能,又便于村民使用。

村落内新建广场应选择废弃地或闲置地建设,即便它们不位于村落的中心,也会成为村民的活动中心。但因人们对城市生活的向往,村落广场建设时往往会照搬城市广场的设计形式,从而破坏传统村落的乡土风貌。村落广场空间要贴合村落特性,强调广场功能性的同时,凸显地域性、艺术性、生态性、观赏性,采用淳朴、真实的设计手法,利用村落符号、当地材料、历史文化,展示村落的自然风貌和风土民情。

对于文化特质较强的传统村落来说,广场空间的设计应以村落文化为出发点,营造具有村落文化特性的广场空间,适当地将生态、绿化引入广场空间内,既可以改善村落的整体环境,又可以避免营造出烦闷、压抑、空洞的感觉,还可以起到传承村落文化的效果。

箬竹村结合院落、晒场和屋前屋后空地设置了三处集会广场。其中,在郑家的晒场和屋前屋后空地规划了两处集会广场,在张家的院落规划了一处集会广场。三处集会广场都以张氏宗祠或郑氏宗祠为出发点,通过一条由南向北的贯穿道路将人流引入宗祠边,一直延伸至南侧的住宅区、书院。

三、景观特色建设

（一）农业景观

农业景观的主体是农田，农田景观与其他景观的区别在于，它首先要满足人们农业生产的需要。其次，作为农作物的主要生产地，根据季节的变化，农作物的播种和成熟阶段的不同，农田呈现出不同的生产景观，而农作物的生长过程正是传统村落最具观赏价值的特色景观资源。除此之外，人们参与农作物生产过程更能直接体验、感受农业景观的活力，如播种、插秧、耕种、收割等。农业生产的体验点缀了村落农业景观，传承了中国农耕文化，给予了人们全新的感受。

农业景观除了农作物外，还包含农产品加工过程中的晾晒景观。例如，江西婺源的晒秋，利用晾晒的各类农产品（如玉米、辣椒、大蒜、稻穗等）装饰村落、屋檐、院落等，不同的农作物展现出不同的晾晒景观。

（二）建筑景观

传统村落有很多古街、古庙、古桥、古建，经过时间的洗礼，古老的建筑上透露着岁月的沧桑，其中包含的历史故事吸引着人们前往，这也是传统村落建筑景观的魅力所在。每个村落都有其独特的建筑形式，它代表着地方文化，是当地人们智慧的结晶。尽管各村落的建筑形式不同，但都有一个共同特点——与环境和谐、融洽，这体现了传统村落真实、淳朴的价值观。

传统村落的老建筑不仅体现着地区文化，也体现着地区的经济和精神风貌。随着人们生产、生活方式的改变，经济的发展促进了村容村貌的改变，村落内铺上了水泥路，墙面上粉刷了厚厚的"粉底"。经济程度不能决定文化程度，金钱不一定能提升审美层次，村落设计仍然要结合村民的生产、生活习惯，结合村落现状，保护具有传统村落文化特色的建筑群，建设"一村一品，一村一景"而不是"千村一面，面面相同"的传统村落建筑景观。

（三）村口景观

村口作为进入村落空间的起始点，既可以展现村落的气概和空间的宽阔，也可以根据道路的方向和空间的变化展现出峰回路转的村落景观。村口作为进入村落的标志，应具有强烈的空间感和可识别性，表现出村落的特色、传统、文化，同时结合村落环境创造出或张扬或含蓄的可休憩和观赏的景观空间。村口是村落景观的起始点，更是村落景观的亮点，其体量不需要太大，宜采用石块、木材等具有地方特色的材料制作入口标志，并与自然环境、文化特色、传统风俗等相结合，利用当地植被、山石等强化村口空间的特征，增强村口空间的实用性和观赏性。

（四）景观小品

村落景观小品的主要作用是美化村落环境，提升观赏价值，吸引注意，引发乡村情怀。随着现代生活越来越便捷，传统的生产、生活用具逐渐消失，但这些传统用具记载着人们从古至今的奋斗史，是真实而又生动的，是具有温度和情怀的，因此利用这些具有年代感的传统用具作为村落景观小品的元素，具有一定的纪念意义。例如，一根老树根、一辆旧水车、一块布满岁月痕迹的景石、一条破旧的木船，以及铁犁、打谷机、石磨、石井、斗笠等，经过巧妙的改造形成村落独有的新元素，吸引人们的好奇和关注，引发人们的怀旧情绪和思乡情怀。

设计景观小品时，应就地取材采用具有纪念性意义的物品进行改造，并和环境进行适度对比，突出其美感与形式感，增强小品的个性、装饰性和趣味性，目的是提升人们对传统村落的审美能力，增强村落的辨识度。

（五）民俗景观

传统村落景观除了自然资源外，还包含民俗文化景观。村民日出而作、日落而息，日复一日年复一年的农耕生活积淀了丰富的民俗文化，这是村民千百年来创造的精神财富，如庙会、划龙舟、唱大戏、舞龙、舞狮等民俗活动，这些文化遗产具有较高的价值，是村落千百年来文化的积淀和生活中不可或缺的精神财富。

第四节　传统村落乡建技艺的传承

传统乡建技艺是乡村匠人经过长年的积累传承下来的，更替较为缓慢，具有明显的持续性、地域性和非标准化特点。特别是在现代施工技术日益成熟、乡村生产生活方式发生改变的今天，随着传统匠师数量和传统民居建筑的骤减，加之传统乡建技艺的缺失和现代化修缮、建造技术的简单粗暴，长此以往，或许在不久的将来，大量的传统营造技艺将成为遗产。

为了适应地方气候环境，传统民居采用最简朴的、适合气候环境的建造方式，并已形成一套成熟的体系，这不是简单的模仿外形就能实现的。

在对三个样本村庄的村落建设状况做了系统性调查后，发现一些村落的新建筑已丢弃了传统民居的精髓，包括民宅的选址、布局、建造和材料。与之前相比，看似现在的生活条件得到改善，但舒适性反而有所降低。只有找到传统建造技术与现代技术的结合点，才能更好地传承传统营造技艺。

一、传统乡建营造技艺研究

（一）风水习俗

风水在我国传统民俗文化中有着深厚的文化底蕴和悠久的历史渊源，传统建筑的营造技法也深受风水文化的影响。一方面，新建建筑需要根据地形地貌进行选址，从而设定房屋的朝向等，然后依据风水选择开工动土、上梁等吉日；另一方面，风水观念已经渗透到工匠的营造观念、思维、操作等行为活动中。

1. 营造用尺

营造尺以十寸为一尺，木工尺源于营造尺，所以同为十寸尺，但两者也有少许不同。营造尺是历代工部依据律尺颁布的用于土木营造的标准用尺，木工尺则是民间木匠用尺[①]，但因各地用法不同稍有些许差别。苏北地区的传统营造均用木工尺，一般称为"九五尺"。所谓九五尺，是指木工尺一尺长 32.0 厘米，约等于现市场上一尺（33.3 厘米）的九五折。[②]婺州民居的营造用尺主要有弓步尺、鲁般尺、门尺、丈杆、六尺杆、板尺六种。[③]

风水学中关于凶吉的观念渗入到尺度中，《明鲁般营造正式》记载："鲁般尺乃有曲尺一尺四寸四分其尺间有八寸一寸准曲尺一寸八分内有财病离义官劫害吉也凡人造门，用依尺法也。"[④]因此民间又流行着与风水学关系密切的"压白尺""门光尺""于房尺""丁兰尺"等，其中"压白尺"与"门光尺"的影响较大。

清代李斗的《工段营造录》记载，"匠者绳墨 三白九紫 工作大用日时尺寸上合天星 是为压白之法"[⑤]。传统建筑营造中，匠师将木工尺度与九星图的各个星宿相对应，尺度便有了一白、二黑、三碧、四绿、五黄、六白、七赤、八白、九紫。[⑥]根据堪舆法则，三白星（一白、六白、八白）归属吉星，后来十白也被确定为吉利尺度，因此尺度合白便吉，用于建筑营造上便称之为"压白"尺法。

门光尺也是与堪舆术有关的建筑尺度。曲尺（又称营造尺）长一尺四寸四分，八字尺（又称门光尺、鲁般尺）长八寸，每寸准曲尺一寸八分。[⑦]古人认为按此尺丈量确定门户尺度，可以光宗耀祖，故名门光尺。

根据《鲁般营造正式》记载的八寸门光尺与十寸营造尺的换算关系，以明清

① 吴承洛. 中国度量衡史[M]. 北京：商务印书馆，1993：43.

② 李新建. 苏北传统建筑技艺[M]. 南京：东南大学出版社，2014：98-101.

③ 黄续，黄斌. 婺州民居传统营造技艺[M]. 合肥：安徽科学技术出版社，2013：52-57.

④ [明]佚名. 明鲁般营造正式[M]. 上海：上海科学技术出版社，1988：33.

⑤ [清]李斗. 工段营造录[M]. 上海：上海科学技术出版社，1984：18-21.

⑥ 黄续，黄斌. 婺州民居传统营造技艺[M]. 合肥：安徽科学技术出版社，2013：52-57.

⑦ [清]李斗. 工段营造录[M]. 上海：上海科学技术出版社，1984：24.

营造尺长 32 厘米计算：鲁般尺 = 1.44 厘米，营造尺 = 1.44 × 32 厘米 = 46.08 厘米，门光寸 = 1.8 营造寸 = 1.8 × 3.2 厘米 = 5.76 厘米。北京故宫博物院现存一把门光尺，宽 5.5 厘米，厚 1.35 厘米，长 46 厘米，与 46.08 厘米相差无几。

自 20 世纪以后，各地区的建筑营造开始使用钢卷尺，上述各类营造尺及营造尺法逐渐被遗弃。

2. 选址定向

民居是传统村落形态的主要构成因素，传统民居的选址、朝向、形式、布局等均受风水观念的影响。传统建筑营造的第一步是邀请风水先生看风水、相宅基。汉代刘熙的《释名》记载："宅择也择吉处而营之也。"[1]在风水中，一般认为坐高朝低、依山面水、近水向阳为吉地，所以传统村落的民居在建筑与周边环境的关系上，有着缜密细腻的考虑，在确保宅居私密性的同时，还要遵循风水伦理。

"背山面水，负阴向阳，土肥水美，林木秀蔚，环护有情为吉。"[2]这是村落选址对生态方面的要求。箔竹村主要分张家、郑家两个居民点，两个居民点相距300 米，坐落在梯田中，遥遥相望。据箔竹村文献记载，郑氏祖先郑温恭自幼习得堪舆之术，擅长看地理风水，见此地风景优美，山脉气足，四面踩踏观察后，测得这片风水宝地。箔竹村前有笔架山，后有卧虎（大南山），左青龙（石埂山），右白虎（眉毛山），门前六带环水。

宅基地选定后，风水先生还要确定住宅的朝向。以宅中北方宽阔高大为好，宅院南北深长为佳。[3]风水先生用八卦按方位标定，把宅主及家人的命相和宅院的时空相联系，分析其中相生相克的关系，以此确定宅门的朝向并作为整个宅院的基准方位，然后依照宅院的吉凶程度确定住宅形式，包括高低大小层数和房屋的功能等。

房屋朝向遵从坐北朝南原则，但又不能是正南，角度通常向东西两侧偏 2—15 度。[4]在人们的观念里，只有皇宫、庙宇、官员宅邸、官衙等官宅才可朝向正南位，即所谓的"大利南北，不利东西"。但若普通的民宅朝正南位，便是对天子和朝廷的不敬，视为不吉，所以向东西略偏少许以保太平，俗称"太平向"。各地区太平向的东西偏差有所不同，依各地的习俗或多偏东南或多偏西南。

3. 选择吉日

在传统的习俗活动中，无论建宅、修缮还是搬迁都需要选择良辰吉日。《论

---

① [汉]刘熙. 释名[M]. 北京：中华书局，1985：84.

② 董强. 中国民俗文化丛书·民居卷[M]. 合肥：安徽人民出版社，2013：32

③ 王奇亨. 风水理论研究[M]. 天津：天津大学出版社，2005：42-45.

④ 李新建. 苏北传统建筑技艺[M]. 南京：东南大学出版社，2014：09.

衡》记载："工伎之书，起宅盖屋必择日。"①虽然世人对其中的封建迷信给予了强烈批判，但在建造工程中仍有使用。例如，选择最佳的时令气候以便于开工、动土、伐木、砌筑、上梁等的施工。吉日的选择讲究时辰的吉凶占卜和禁忌，以动土仪式为例，动土仪式开始前，邀请风水先生选定良辰吉日，动土的日子要避开"三煞"（劫煞、灾煞、岁煞），凡是三煞所在方位皆不能动土，倘若动土修造，皆冲太岁，故为大凶。除此以外，对祖先、神灵的忌日均要回避。

4. 营造禁忌

传统民居营造中有诸多忌讳，世人认为若犯了忌讳，会对宅主、其他家庭成员及宅院本身不利。除此以外还有诸多忌讳，如屋形要端正均衡，忌讳歪斜之形，同时避免过于低矮和卑小，以免长期居住对居住者的身心产生不良影响。

在周围环境的格局上，要求门前均衡和宁静，且不能有房间被孤立存在。还要减少T形、丁字路口，避免道路与宅院风水相冲。在吉日的选择上，若当年没有适合的日子，有必要可以延后。

宅门要根据吉尺来定夺，而且要注意忌用桑木，因为与丧同音；忌用铁钉拼板合缝，只能用竹签，再以横木加固，因为门上的铁钉被视为"关门钉"②，对主人不吉。横木的根数以四和六为佳，顺应事事如意、六六大顺之意，忌讳使用三根和五根，世人认为三和五均为"阴间"常用，视为大凶。除此之外，门的朝向也有诸多忌讳，如门与窗不能相对，门与烟囱不可相对，门与屋脊的两端不可相对，门与路口、巷口、水沟头、茅厕、坟头等均不能相对，与这些物体相对均不吉。

现在的住宅建造已不再使用上述的诸多风水理念，如今传统村落中新建一栋住宅，宅基地的选择由宅院的主人根据自己所占有的土地面积进行规划，并向相关管理部门申请用地，且建筑的面积、布局、层数等由相关部门严格管控。

（二）建造流程

建造的第一步是整平作业，即初步平整、夯实地基，主要分定平和筑基两道工序。定平是指顺应地形地貌，将坑洼不平的建筑基地进行整平，遵循"多挖少填"原则，尽量利用场地内部土方，不外加土方量。先用绳线按规定尺寸拉出矩形（现称之为用地红线），确定坑基和柱础的位置与宽度，然后在四个角打桩基加以固定后开始挖土。坑基的开挖深度一般大于1米，挖至硬度较高的老土即可。槽挖好后，用黏土、石灰、碎石等混合夯实做基础垫层，基础层一般三层，每层

① [东汉]王充. 论衡[M]. 上海：上海人民出版社，1974：24.
② 李新建. 苏北传统建筑技艺[M]. 南京：东南大学出版社，2014：17-19.

约 0.3 米厚。

第二步是夯筑墙体，夯筑墙体前先砌基础墙（也称墙角），墙角根据地基情况与房屋的大小进行调整。一般普通民宅的墙角使用砖块砌筑，大户人家则用砖石砌墙角或砌半截矮墙，再筑正身墙。

墙身主要有土墙、砖墙和石墙。土墙主要采用版筑法，在砌墙体前搭建模板，在两侧埋立柱，嵌入木楔子控制墙体厚度，往模具里倒入土料后用木夯将土料夯实，在夯实第一层土料的基础上再加土料继续夯实，重复操作直到整个土墙夯实完毕。村落民居墙体的砖一般采用土坯砖和黏土砖，富裕的家庭会选择青砖、整块石砌筑。叠砌墙体有多种风格，根据砖的长宽尺寸或多层叠合产生不同的砌筑风格，乡村多采用顺砖砌、丁砖砌、顺砖层和丁砖层组合砌筑。

最后一步就是盖屋顶，也称为封顶。村落屋顶多采用单坡和双坡屋顶，屋顶材料主要为草和瓦，现代民居建筑也有水泥平屋顶。江西地区村落民居多为砖瓦房，草房民居较少，多为茅厕、牲畜圈等。

（三）营造做法

1. 基础做法

建筑地基一般分为三层：基础层、垫层和地面层。基层是建筑的受力层，乡建中基础层主要以素土夯实为主，或加入砖、石等骨料夯实；垫层多采用沙、碎砖、石灰炉渣或低强度素砼铺制[①]；地面层通常采用砖、木材、石材、混凝土等。受屋主预算的限制和房间类型的影响，一些民居的地基只做基础层，也即地面层中的夯土地面层。

在基础层营造前，先对宅基地表面进行清理，将地面的垃圾、杂物等清理干净后深挖基坑，挖至老土为止，为了确保建筑的稳固性，所有的基础必须建在老土之上。如果地基红线范围内没有老土，则需将质地松软的土壤进行填换，按每层土厚 200—250 毫米进行分层铺土，回填土每层至少夯打三遍。[②]再对土质进行检测，最后修整找平。

垫层以砂石为主。首先检验砂石质量，对符合要求的级配砂石拌均匀后，分层铺筑，每层厚度为 15—20 厘米，不宜超过 30 厘米，分层厚度可用标高控制桩控制。再根据气候状况对铺筑的级配砂石表面洒水，保持砂石的含水量在 8%—12%。[③]夯实或碾压数遍后，拉线找平验收。

地基的基础层和垫层铺设完后开始砌筑建筑物的基础部分——墙基和柱基。

---

① 彭雯霏. 当代乡村建筑中建造技术与建造模式研究[D]. 华中科技大学，2017：35.
② 朱星彬. 地基与基础工程施工[M]. 北京：高等教育出版社，2008：86-87.
③ 朱星彬. 地基与基础工程施工[M]. 北京：高等教育出版社，2008：173.

建筑物基础和地基是完全不同的两种建筑构件，基础是直接承受墙体的重量和荷载的构建，《说文解字》记载："基，墙始也。"[①]根据建筑的形式、位置和气候状况，墙基采用的材料也不同。例如，箬竹村六带环水，地面潮湿，因此采用的是硬质材料做墙基，防止宅基地因潮湿发生地面塌陷、沉降等问题。

采用砖砌筑时，通常用石灰浆或泥浆为黏合剂，错缝砌筑，露出地面的3—5层作为防潮层。采用毛石、卵石等石材砌筑时，有干砌和浆砌两种做法。先在底部铺一层较大的石块作为底石，干砌是依靠石材之间的凹凸面相互镶嵌；浆砌是用石灰砂浆（按石灰、水、黄沙 500∶1500∶30 的比例混合而成）和碎石密实石缝，再依次叠上石块高出地面 30—80 厘米作为防潮层。

传统村落建筑的柱基一般采用方形石板压底，表面光洁平整，在此基础上增加石鼓或木櫍形成多种形式组合的柱础，主要用于保护木櫍柱础，防止开裂、变形和腐朽。

地面层是地基建造程序中的最后一步，在各部分工序竣工后进行。传统村落民居地面铺的主要是砖、石、土，地面层材料的选择也受屋主建造经费预算的影响，预算较高的屋主多采用砖、石材等材料，较为节俭的屋主多采用灰土地面或夯土地面。

砖面层有方砖和条砖两种类型，铺砖方法多样，图案样式丰富。方砖面层一般用于堂屋、正房的室内，条砖面层多出现于厢房、耳房及附属用房的室内。室内的砖铺地通常在找平后直接铺于夯土面上，也有屋主在夯土面上垫一层细砂再做铺砖。采用干墁做法，将砖块按设计好的方式铺满整个地面，然后在地面上洒细砂，再用扫帚反复地扫，直到细砂把所有的砖缝填满。

灰土地面常用于传统村落普通民居，石灰和黏土按 3∶7 比例干拌夯实而成，也称三七灰土地面。灰土夯实后抗压性、隔水性好，所以民居地面层一般铺设1—2层。

夯土地面多使用于村落简陋房屋或次要房间，具体做法是将地基中的素土夯实，夯实的素土密实性高，能有效增强地面的耐久性。

2. 墙体做法

传统村落民居墙体包括土墙、砖墙、石墙和多材料混合墙。土墙在村落住宅中最为普遍，具有经济实用、施工方便、就地取材、防护性好等特征。砖墙和加工过的条石墙最为昂贵，其次为毛石墙、乱石墙、片石墙。

土墙分为土坯墙和夯土墙。做土坯墙之前，先要制作土坯砖，将黏土和碎麦壳、麦秸秆掺水拌匀倒入模具，压实成形后，去模晾晒变干变硬即可，然后按砌

---

① [汉] 许慎. 说文解字[M]. 徐铉杨, 校定. 北京：中华书局，1963.

砖墙的方法砌筑土坯墙。其尺寸虽然比青砖尺寸大，但防寒、隔热、防火、隔音效果较好，最大的劣势是不耐雨水冲刷和浸泡。为了防止土坯墙体开裂、压陷，土坯墙的墙基部分通常以砖砌筑或石砌筑或加碎石夯筑，且前后檐墙上的出檐较深。

夯土墙最常用的是版筑工艺，在拟夯墙体的位置搭建净间距约 500 厘米的模板，倒入土料用木夯夯筑，一层夯实后在其基础上铺一层土料或以黄土和碎禾秆拌制而成的藁土，然后将模板上移，重新绑扎再填土夯筑，反复层叠直至夯土墙完成。一般一天只可夯 3—5 层，不宜超过 5 层，且最好打一天休息一天，以便于晾干夯土水分，增加强度和耐久度。在墙体完成后用黄泥拌碎麦秸再进行内外抹墙，用以保护墙体。

砖墙的种类较为繁多，从砌墙材料就分为整砖墙、乱砖墙、砖土混合墙和砖石混合墙，组砌方式又分顺扁、顺斗、丁扁、丁斗等。各地根据组砌方式的不同名称和做法也不同。传统民居多为空心墙，也称为"填心墙"，墙体有内外两层，通过砖与砖之间的相互拉结，中间用碎砖瓦或土填心，或加入石灰浆或糯米汁密实砖缝。[①]为了保证墙体的稳定性，采用上下错缝砌筑，砌筑时提前放好水平线及铅垂线，确保墙体砌筑的横平竖直，砌筑的顺序由四个角向中间砌。

上下错缝砌筑墙体时，要避免通缝，且尽量保证所有奇数层的砖与所有偶数层的砖各自在同一条竖直线上，保证墙体稳定性的同时，又能展示其美观性，常见砌砖形式有侧砖顺砌错缝、平砖丁切错缝、平砖顺切错缝、平砖顺砌与侧砖丁砌组合等。填心和砌筑墙体同时进行，先抹一层稀泥，然后砌筑半截砖放在里面，增加墙体的拉结力。

砌筑工艺的水平直接影响墙体的牢固性、墙面的美观性、用砖的经济性等，墙体的砌筑工艺不只是筑造墙身，还包括磨砖、灌浆、填料、粉刷、镶嵌、贴面等其他工艺。按工匠技术的精粗不同，分为"干摆""丝缝""淌白""草砌"等。老工匠常说，"三分砌七分勾，三分勾七分扫"，可见砖缝和清扫是墙面效果的重要组成部分。

（1）干摆（磨砖对缝）做法

常用于大户人家的建筑或墙体的下碱，对砖的要求极高，工匠的价格也高。将砖块摆好后灌入灰浆，需要五面磨砖，讲究"一层一罐，三层一抹，五层一墩"[②]。黏结材料使用桃花浆、生石灰浆或糯米汁。

（2）丝缝（磨砖勾缝）做法

常作为墙体的上身，砖面加工粗糙，较为费工。外露细灰缝，需五面磨砖，

---

① 李新建. 苏北传统建筑技艺[M]. 南京：东南大学出版社，2014：13-15.
② 李浈. 中国传统建筑形制与工艺（第三版）[M]. 上海：同济大学出版社，2006：242.

砖缝平直。黏结材料常用老浆灰。

（3）淌白（淌白丝缝）做法

常用于普通民居的墙垣，风格粗犷简朴，模仿丝缝墙外观效果。用泼浆灰砌砖，砌好后磨平墙面，然后刷与砖色一致的灰缝。黏结材料常用老浆灰或深月白灰。

（4）草砌（糙砌）做法

常用于普通砌筑，灰缝有8—10毫米宽，加抹灰面的墙体居多，砖面不加工打磨，不勾缝。

砌筑墙体时，工匠一般都会采用黏结材料增加墙体的稳固性，因屋主家经济预算的高低，黏结材料也有稍许差别。主要采用石灰浆黏结，重要的建筑使用纯灰浆，富裕家庭会以石灰加桐油调和，用于砌清水磨砖墙，缝为灰白色。次者使用石灰砂浆，再次者使用石灰与黄泥混合的灰泥，价格低廉，缝色最初为白色，日久渐渐变成灰黄色。还有一种是用石灰浆掺入糯米汁，黏结性能较强，多用于富裕人家，缝色为白色。

砌筑石墙所用的石料可分为乱石、片石、毛块石和整块石。毛块石和整块石多用于做建筑物的基础，大户人家也用来砌筑墙体。[①]石墙的砌筑做法与砖墙类似，也分为内外两层，以碎砖瓦或土填心。石墙的黏结材料常用一种岩石风化后的粉末混合物，外观呈黄白色，见风就干，牢固耐久，但容易结渣。

石墙的勾缝材料一般采用石灰加糯米汁拌制，不同的石料砌体的勾缝做法各不相同。片石墙一般不勾缝，直接展示石砌筑的肌理美。毛块石和整块石勾断面为半圆或方形的凸缝。乱石墙则是先将石缝填实后勾抹平整。

砖土或砖石混合墙都是采用两种材料混合搭建而成。前者采用"里生外熟"的做法，即外墙用砖（土经过烧制后形成的砖，称为"熟砖"）砌筑，内侧用土坯砖（土经过晾晒风干形成的砖，未经过烧制故名"生砖"）砌筑。墙面很厚，一般外侧砖墙厚12—15厘米，内侧土坯厚40—50厘米。后者砖石墙注重发挥石材耐压、防水、稳固的特性，墙体一般下石上砖，砌筑做法与砖墙、石墙做法一致。

3. 屋面做法

屋顶是中国传统建筑最具代表性的组成部分，传统民居建筑的屋顶形式深受儒家文化及伦理思想的影响，具有等级化特点，如庑殿顶、攒尖顶等多用于等级较高的宫殿建筑，普通民居则多采用硬山顶、歇山顶和悬山顶。除此之外，传统民居的屋顶形式还受当地气候条件、自然资源、地域传统文化等多种因素的共同

---

① 崔垠. 硬山民居建筑的地域技术特色比较[D]. 同济大学，2007：40.

影响。传统村落民居的屋顶多是硬山顶和歇山顶，其中以硬山顶最为普遍，基本都是硬山顶、清水脊的做法。

　　传统民居屋面的做法一般是在檩上铺设一层椽子，再在椽子上铺设一层望砖或望板，一般民居檐口不设飞椽。望砖是传统村落中瓦房最常用的材料，将望砖长边两侧直接铺放在两根平行的椽子之间，铺设望砖时一般从上往下、从中间向两边铺设。望板普遍用于临近屋檐处，望板沿面阔方向铺设，因为望板自身重量较轻可以减轻出檐的总重量，防止屋檐倾覆和望砖下滑。

　　屋面铺好后，先做苫背泥（用黄泥和麦糠按 6∶4 比例拌和的黏结层），将苫背泥铺于望层之上，不仅可以黏结望层和瓦面，同时可以起到保温和防水的作用。也有简陋民居的屋面不做望砖和望板，直接在椽上铺设小青瓦，然后在望层上开始铺瓦，村落民居几乎都用小青瓦覆盖，小青瓦的规格多为 18 厘米×8 厘米，也有 16 厘米×16 厘米规格的小瓦，富裕人家或较为讲究的民宅则用 22 厘米×18 厘米的缸瓦做仰瓦。铺瓦一般先铺勾头、滴水和檐口，由于檐口位于屋面最下端，为了防止下滑必须在瓦片之间用苫背泥黏结，不能干摆。也有民居不使用勾头和滴水，而是在檐口最外一排的瓦面用泥在两片盖瓦间垫出瓦头，作为檐口的收头和压瓦。还有在近檐口处的屋面用黏结泥砌筑一排压瓦砖，防止屋檐倾覆。再从下往上、从中间向两边层层叠置，先铺仰瓦再铺盖瓦。瓦的密度要上密下疏，防止因下部过重而下滑，因此仰瓦小头向下，盖瓦大头向下。一般要求上头"压七露三"（即下层仰瓦被上层仰瓦盖住 70%，露出 30%），下头逐渐过渡到"压六露四"，瓦垄对齐。

二、传统营造技艺传承的现状与问题

（一）传统营造技艺与传承人的现状

　　近年来，我国积极推进非物质文化遗产的保护与传承，十八届五中全会提出：构建中华优秀传统文化传承体系，加强文化遗产保护，振兴传统工艺。2017 年，文化部、工业和信息部、财政部制定的《中国传统工艺振兴计划》提出：建立国家传统工艺振兴目录，扩大非物质文化遗产传承人队伍，加强传统工艺相关学科专业建设和理论、技术研究等十项主要任务。

　　2006—2014 年，我国先后公布四批国家级项目名录（前三批名录名称为"国家级非物质文化遗产名录"，第四批名录名称改为"国家级非物质文化遗产代表性项目名录"）总计 3145 子项，其中传统技艺有 506 项，传统营造技艺有 51 项。2007 年、2008 年、2009 年、2012 年、2018 年，国家文化主管部门先后命名了五批国家级非物质文化遗产代表性项目代表性传承人，共计 3068 人，其中传统营造技艺传承人有 38 人。①

　　上海市公布六批非物质文化遗产代表性项目名录共 251 项②③④⑤⑥⑦，传统技艺占 118 项，其中传统营造技艺占 4 项，分别为传统木结构营造技艺（宝山寺木结构营造技艺）、传统建筑营造和装饰技艺、传统木结构营造技艺、石库门里弄营造技艺。上海市传统营造技艺传承人名录中，传统建筑营造和装饰技艺传承人 1 人，传统木结构营造技艺传承人 1 人，其他项目传承人暂无收录。

　　江西省非物质文化遗产网五次公布省内已入库的国家级、省级、市级和县级代表性项目，共计 558 项。⑧其中传统营造（建造）技艺占 8 项，分别是赣南客家围屋营造技艺（编号Ⅷ-28）、景德镇传统瓷窑作坊营造技艺（编号Ⅷ-29）、古戏台营造技艺（编号Ⅷ-239）、庐陵传统民居营造技艺（编号Ⅷ-240）和景德镇瓷业水碓营造技艺（编号Ⅷ-281）5 项国家级项目，以及龙溪祝氏宗祠的建造技艺（编号 2-Ⅷ-19）、南昌汪山土库建营造技艺（编号 3-Ⅷ-1）、瑞金客家祠堂营造技艺（编号 5-Ⅷ-12）3 项省级项目。

　　根据江西省非物质文化遗产研究保护中心提供的江西省非遗代表性项目及传承人的数据，在江西省已经申报成功并入库的 8 项传统营造技艺中，赣南客家围屋营造技艺已入库传承人 2 名，古戏台营造技艺已入库传承人 2 名，庐陵传统民居营造技艺已入库传承人 1 名，景德镇传统瓷窑作坊营造技艺已入库传承人 4 名，景德镇瓷业水碓营造技艺已入库传承人 1 名，瑞金客家祠堂营造技艺、南昌汪山土库建营造技艺和龙溪祝氏宗祠的建造技艺传承人均无收录，如表 4-1 所示。

---

　　① 中国非物质文化遗产网·中国非物质文化遗产数字博物馆[EB/OL]. https://www.ihchina.cn/project.html.

　　② 上海市人民政府. 上海市人民政府关于公布第一批上海市非物质文化遗产名录的通知[EB/OL]. https://www.shanghai.gov.cn/nw16795/20200820/0001-16795_11124.html.

　　③ 上海市人民政府. 市政府公布第二批上海市非物质文化遗产名录和第一批上海市非物质文化遗产扩展项目名录[EB/OL]. https://www.shanghai.gov.cn/nw22592/20200820/0001-22592_18954.html.

　　④ 上海市人民政府. 市政府公布第三批上海市非物质文化遗产名录和上海市非物质文化遗产扩展项目名录[EB/OL]. https://www.shanghai.gov.cn/nw25262/20200820/0001-25262_28217.html.

　　⑤ 上海市人民政府. 上海市人民政府关于公布第四批上海市非物质文化遗产代表性项目名录和上海市非物质文化遗产代表性项目扩展名录的通知[EB/OL]. https://www.shanghai.gov.cn/nw31618/20200820/0001-31618_37061.html.

　　⑥ 上海市人民政府. 上海市人民政府关于公布第五批上海市非物质文化遗产代表性项目名录和上海市非物质文化遗产代表性项目名录扩展项目名录的通知[EB/OL]. https://www.shanghai.gov.cn/nw38740/20200821/0001-38740_44253.html.

　　⑦ 上海市人民政府. 上海市人民政府关于公布第六批上海市非物质文化遗产代表性项目名录和上海市非物质文化遗产代表性项目名录扩展项目名录的通知[EB/OL]. https://www.shanghai.gov.cn/nw44915/20200824/0001-44915_58901.html.

　　⑧ 江西省非物质文化遗产数字馆[EB/OL]. http://www.jxich.cn/itemList.html?ppn=首页&pn=名录建设&n=代表性项目&num=1&id=21.

表 4-1　江西省传统营造技艺传承人名录

项目名称	代表性传承人				
	姓名	性别	出生年份	级别	简介
赣南客家围屋营造技艺	钟彦鹏	男	1951	国家级	1967 年开始学习房屋建造技艺，师从李美光。1970 年后，独立承接房屋建筑和围屋修缮工程
	李明华	男	1962	省级	13 岁开始学习房屋建造和围屋修缮技术，掌握卯榫、斗拱、夯土墙、河卵石砌筑等围屋营造技艺
古戏台营造技艺	胡发中	男	1965	省级	1981 年随祖父和父亲学木工，1987 年兼学木雕、砖雕技艺，20 世纪 80 年代末起从事古戏台、古祠堂、古民居的设计和建造
	陈乐平	男	1967	省级	13 岁跟随项发根师傅学习木工技艺，1984 年出师独立营生
庐陵传统民居营造技艺	康荣山	男	1950	省级	长期从事木作行业
景德镇瓷业水碓营造技艺	詹和安	男	1977	省级	1990 年起随父亲学习水碓制作技艺，技艺精湛。长期在浮梁县及周边县市从事水碓制作，并在瑶里镇白石塔村有一个自己的水碓作坊
景德镇传统瓷窑作坊营造技艺	余云山	男	1942	国家级	家族自他上溯四代都从事挛窑，10 岁随祖父学修窑，16 岁学挛窑，24 岁时即升到一股(挛窑工等级"四爪一股")
	胡家旺	男	1944	国家级	1958 年入建国瓷厂学习陶瓷成型工艺，1976 年起学习柴窑陶瓷烧炼，1984 年升任最高技术岗位把桩师。2008 年起，担任古窑民俗博览区把桩师
	余和柱	男	1946	省级	14 岁拜师学艺。出师后参与修建的各种窑炉超过了几百座，足迹遍布许多城市
	余祖兴	男	1966	省级	跟随父亲余云山 (国家级传承人)学习传统挛窑技艺，第五代传人。2008 年起，跟随父亲在景德镇古窑民俗博览区营造了清代镇窑、明代葫芦窑等 11 座传统瓷窑

资料来源：江西省非物质文化遗产网. 江西省非物质文化遗产数字馆[EB/OL]. http://www.jxich.cn/itemList.html?ppn=首页&pn=名录建设&n=代表性项目&num=1&id=21.

　　综上数据表明，所有非物质文化遗产代表性项目库中，传统技艺代表性项目占总项目的 16%（国家级）和 26%（江西省），而传统营造技艺的占比少之又少（国家级 1.6%，江西省 1%），更不用说寥寥无几的传统民居营造技艺传承人。在庞大的传统营造技艺体系中，有绝大多数的传统营造技艺和技艺传承人"流落在外"（指未被收录），可能有部分营造技艺已经消失。

在江西省和上海市收录的传统营造技艺传承项目中，部分营造技艺有 1—2 名传承人，但几近一半的营造技艺未收录传承人。为了促进专业技术人才队伍的建设，各省级政府增加了非物质文化遗产的保护经费。《国家非物质文化遗产保护资金管理办法》规定，代表性传承人传承活动测算标准为每人每年 2 万元。

上海市启用"上海市市级非物质文化遗产保护专项资金"，专用于上海市非物质文化遗产项目补助费和传承人补助费。项目补助费对单个申报项目的支持额度最多不超过 40 万元。传承人补助费定额为每人每年 0.6 万元。①

福建省文化和旅游厅发布的《关于下达 2020 年度省级非遗项目代表性传承人补助经费的通知》提到，福建省（除厦门外）年满 60 周岁的每名省级非遗代表性传承人的传承补助经费金额提高到每人每年 6000 元（国家级传承人不重复补助）。②

广东省文化与旅游厅颁布的《2021 年广东省非物质文化遗产保护专项资金申报指南》规定，省级代表性传承人扶持标准为每人每年 2 万元，国家级代表性传承人扶持标准为每人每年 1 万元。给予省级非物质文化遗产代表性项目、传承基地、研究基地 10 万—50 万元扶持金，省级非遗工作站、非遗就业工坊最高补助 100 万元。③

各省级政府积极通过专项资金对国家级、省级、市级传承人实施抢救性记录，最大限度地避免非遗"人亡技绝"的状况发生。

（二）传统营造技艺传承面临的问题

1. 现代的建筑材料

现代化新型材料的出现在一定程度上会影响传统村落民居的构造及建筑形式。例如，在建筑主体施工过程中，传统技艺主要采用木构架，因为木构架工艺精细复杂，质量主要依赖大木工的工艺能力。而现在为了提高建造效率，乡村建筑多使用钢筋混凝土结构、钢结构、轻钢结构、复合结构等现代化建造材料，且现代大多数施工人员对现代化新型材料的施工工艺的熟悉程度远远高于传统的木结构营造技艺。在铺设屋面时，为了达到防水和降温的目的，乡村新建筑多采用橡胶防水卷材等代替传统的望板和望砖，虽然防水性能和降温性能得到了改善，但传统的望砖和望板铺设技艺也因此陷入困境。

在工业化进程的推进、施工效率的要求、建造成本的控制等多方面的影响下，

① 上海市文化和旅游局. 关于发布《2020 年度上海市市级非物质文化遗产保护专项资金申报指南》的公告[EB/OL]. http://whlyj.sh.gov.cn/jqxxgk/20191011/0022-30628.html.
② http://wlt.fujian.gov.cn/zfxxgkzl/zfxxgkml/30qtyzdgkdzfxx/04fwzwhyc/202004/t20200417_5238343.htm.
③ 广东省文化和旅游厅. 2021 年广东省非物质文化遗产保护专项资金申报指南[Z]. 2020：1

在乡村建筑施工中，越来越多的工匠使用现代化机械工具，如切割机、打磨机、电钻、电锯等。毋庸置疑，这些机械工具可以大幅度提高建造效率，同时降低工匠的劳动力成本。但长此以往，很多传统营造技艺将会逐渐消失。

2. 局限的传承方式

传统营造技艺的传承方式主要是家族式和师徒式。其中家族式有传内不传外和传男不传女的风俗，传承范围较小。师徒式要求师傅对徒弟一对一教学，采取言传身教的方式，培养效率较低，而且技艺师傅的数量有限，而徒弟的学徒时间较长，一般为三年，学艺结束后还需为师傅免费帮工一年方可出师，有时也会依据情况延缓出师时间，所以传统师徒传承的方式也有较大的限制。

3. 狭小的生存空间

无论在什么时期，从事什么行业，温饱与生存是支撑行业传承与发展的基础。改革开放以前，匠人在人们眼里是一份较为体面的工作，俗话说"手艺在手，吃喝不愁"，掌握一门手艺便能够养家糊口。在现代社会经济环境下，这种教育模式已然落后，而且农民的就业机会逐渐增多，在其他高薪收入行业的冲击下，许多工匠开始转行，即便从业多年，有着精湛的技艺，迫于现实与经济的压力也不得不放弃。村落里有一些坚守本职的老匠人，有着精湛的营造技艺，但因工匠技艺的应用面狭窄，加之无人拜学，很多技艺濒临失传。

政府给予了官式建筑营造技艺大力支持，人们对其也有较高的认同，而地方传统民居营造技艺虽然也得到了一定的扶持与关注，但受重视程度与认同程度远不如官式建筑。营造技艺工匠的工作环境较差，劳动强度大，社会地位得不到提高。非遗传承人是国家、政府给予在非物质文化遗产传承中具有代表性人员的荣誉称号，非遗传承人的认定在一定程度上保护了匠人，但从传统民居建造行业来看，并没有形成有效的认证，而且一些地区还未展开对传统工匠的全面普查与认定工作。

4. 缺失的工艺记载

近年来，相关部门、学者与各界人士对传统营造技艺做了大量探寻辨析、总结研究的工作，但针对传统营造技艺的工艺做法却鲜有记录。随着大批技艺传承人步入老龄阶段，加之一些营造技艺没有资料记载或只记载了技艺中的某一部分，导致传统营造技艺面临失传的境地。

三、乡建营造技艺传承的策略思考

基于上述对传统营造技艺现状与面临问题的阐述，对于传统营造技艺在当代社会如何传承的问题，本部分从其技艺特性、现代生活需求和技术条件方面出发，进行了策略思考。

（一）传统技艺与新型材料的融合

在我国传统民居建筑中，砖和石是最常用的建造材料，砖块是由土坯烧制而成，而石材则主要取自天然。砖与石在传统民居建筑中主要做承重和防护结构。在建筑风格多变的当今社会，单一的传统材料和建筑风格无法满足人们审美的多变性与趣味性，如何将传统营造技艺和钢、铁、玻璃等现代化新型材料相结合，满足现代化形式多样的建筑形式，是传统营造技艺传承需要解决的问题。

新型材料的出现使传统营造技艺陷入两难的境界，不同的材料因其特性产生不同的形式美，如传统工匠在切割木材时，根据营造口诀和法式对木料进行人工切割，切割后的木材边缘粗糙毛躁。现在为了提高建造效率，通常使用电锯等机械工具，切割后的木材边缘平整，但又缺少传统建筑的灵气。新型材料可以大幅度提升建筑营造的效率，控制建材的品质，比传统材料更加稳固，但"保形不保真"让现代传统民居建筑缺少"灵魂"和"精神"。

因此，可以将新材料、新技术与传统营造工艺、观念等有机结合，如利用新技术和新设备生产部分建筑构件，在传统营造中加入现代材料改善传统民居建筑的性能，但在凸显传统建筑风貌的部位和手工技艺操作性强的步骤，仍采用传统营造技艺做法，在提高效率、降低成本的同时保留传统的营造技艺，让传统营造技艺融入现代化乡村建设活动，使乡村民居营造技艺在当代社会环境下依然保持活力。

（二）传承主体与高校教育的结合

营造工匠是传统营造技艺传承的主体，所以保护传承人和扩大传承人群范围是传统技艺传承任务的重中之重。传统技艺的传承方式主要是师徒式，这种传承方式单一且有局限性。现代的传承方式以课堂传授为主，打破了传统一对一的传承方式。现阶段大多院校都设有建筑学、园林学等学科，学校主要教授学生古今中外的相关专业理论知识，学生具备丰厚的理论知识，但大多只停留于"纸上谈兵"。传统的传承方式和现代课堂的传授方式各有利弊，传统的传承方式有利于对手工技艺的领会和掌握，而现代课堂的授课方式有利于对营造知识的学习和理解。

政府应鼓励和引导营造技艺工匠和传承人积极收徒，对收徒、传道、授业有突出表现的给予相应奖励，增强他们作为师傅的荣誉感，为传统营造技艺行业创造尊师重教的良好氛围。除此之外，可以在高等院校中建立工匠师傅的工作坊或培养基地，增加相关专业学生的技艺实操内容，探索现代课堂授课与传统营造技艺传习的新模式。

（三）社会主体对传统技艺的认同

传统营造技艺在传承与发展过程中，最大的困难是社会主体对该行业的轻视和不认同。在日本，非物质文化遗产传承人受到社会各界的尊重，特别重要的非物质文化遗产传承人的地位更高，被称为"人间国宝"。

近年来，我国投入非物质文化遗产保护的专项资金不断提高，2016年开始，国家级非物质文化遗产代表性传承人的补贴由每人每年1万元提升至每人每年2万元①，地方政府对传承人的补贴情况因地而异，但对于我国传统营造技艺的现状而言，这些还远远不够。因此，一方面，国家需要继续加大对传统营造技艺的扶持力度；另一方面，政府需要拓宽资金来源渠道，为工匠创造良好的市场环境。单纯地依靠国家和地方政府的经济补贴来改善传承人的生活是不现实的，专项补贴金无法覆盖全部的传统营造工匠。因此，国家及各地方政府要创造传统营造技艺市场，制定最低工资标准，确保工匠获得合理的收入，促进传统营造匠人的平衡发展。除此之外，还要加大对传承人及营造技艺的宣传力度，提高传承人的社会地位，促进社会主体对传统营造技艺的了解，从而提高社会主体对技艺传承人的认同感，增强对非物质文化遗产的保护意识。

（四）加强对传统营造技法的记录

传统营造技艺的传承是以传统民居建造技法和建造知识为主体的，由不同技艺的工种共同组成的紧密整体，是活态的遗产。非物质文化遗产的活态传承和流变性决定了部分历史信息必然会消亡，这就要求我们在传承传统营造技艺时，要及时对濒危的技艺进行抢救性记录，真实完整地保护遗产的全部信息。

在现代化数字技术条件下，通过文字、图片、图纸、影像、三维动画、虚拟现实等方法记录传统营造技艺，尽可能记录和保存传统营造技艺，且定时对传统营造技艺进行记录和检测，可以了解到营造技艺的发展变化。江西省文化和旅游厅建立了江西省非物质文化遗产研究保护中心及平台，以综述片、宣传片和教学片三种形式记录和宣传非物质文化遗产，并创办了江西非遗读本和学术交流活动，为江西省非物质文化遗产的传承和宣传提供了平台。

---

① 文化部：国家级"非遗"传承人传习活动补助提高至每人每年2万元[EB/OL]. http://www.gov.cn/xinwen/2016-03/30/content_5059852.htm.

第五章

实例研究——箔竹村、汤桥村、朱砂村实践

此次调查江西省修水县传统村落新农村建设情况的过程中，选取了三个具有代表性的传统村落作为样本村庄，主要分布在修水县黄沙镇和黄坳乡。从地理环境上看，黄沙镇地形特征较为鲜明，位于与宁州镇、黄坳乡的交接点，村庄形态主要以集中团块型、带状型、散点型为主。

黄坳乡位于修水县东南部，与武宁县的石门楼镇、靖安县的中源乡接壤，村庄聚落形态主要以带状型、团块型为主。从道路交通来看，新农村建设以来，除部分偏远山区的村庄外，修水县大部分村庄已形成村村互通、村镇相连的公路网。根据修水县城乡规划局提供的数据，修水县规划布点村庄占63%，非规划布点村庄占37%；从环境整治基础上看，有整治基础的村庄占71%，没有整治基础的村庄占29%。

本章主要通过对箔竹村在美丽乡村建设中设计转型的实践情况进行分析，以及对朱砂村、汤桥村美丽乡村建设的经验进行总结，提出转型的方法，为传统村落寻找可持续发展道路。

第一节　箔竹村建设现状分析

一、村庄建设现状

（一）用地现状

箔竹村用地功能较为单一，其中住宅用地占了村庄建设用地的大部分，而服务接待中心、农耕展示馆、宗教活动等村庄公共服务用地占地面积较小，其他非

建设用地主要为水域和农林用地。

（二）道路交通现状

下山殿至黄沙镇的道路已实现全面硬化，路面宽 4 米，下山殿至张家、郑家段道路仍为土路，但已被列入修建计划内。张家、郑家古村内部道路均为石阶路、石板路，机动车辆无法通过。目前，箔竹村仍以步行为主，村内石阶路、石板路纵横交错，保存较为完整，通达性较好，具有"九井十八巷"之称。

（三）公共设施现状

箔竹村无邮政代办点、商业服务点、学校、医疗服务点等公共服务设施，上学、就医、采买等需要到李村、黄沙镇等地，村民生活较为不便。

（四）基础设施现状

箔竹村未铺设自来水管道，为满足日常生活用水需要，村民在山上建造了储水池接引山泉水来解决。村庄的排水功能不完善，生活污水和雨水未经过处理便就近排入池塘和沟渠，对村庄环境造成了一定污染。

村庄内由南部牵引了一条 220 伏电力线，基本满足了村民生活用电需要，但村庄路巷未安装照明灯具。村庄西北方向眉毛山山顶设有移动通信基站，村庄内已全面覆盖 4G 网络，但有线电视网络和宽带仍未安装。

（五）水域和农林用地现状

箔竹村水域是由六条支流汇聚而成的秀水河，水流由西北向东南从山谷间穿过，共有三处水塘分散于村内的不同方位，面积共 0.24 公顷。

村庄内梯田有 600 亩左右，分布在村前、村后的山坡、河谷中。村内有三处较大的古树林、风水林，分别位于张家北侧、郑家西北侧、张家与郑家之间。

二、现状问题

（一）传统建筑与文化遗产遭破坏

传统村落中有很多具有价值的建筑，如祠堂、戏台、老屋等，由于其形态或功能无法满足现代人的需求而遭到破坏或废弃。在箔竹村调查时发现，在靠近村庄的路边，有一两处破败的老屋，屋前的院落已经荒废，老屋也被废弃。在箔竹村内，诸如此类被废弃的老屋还有许多。

（二）地域与传统文化特色被遗忘

为了加强箬竹村与城镇的联系，村庄开始发展乡村旅游。但城市的发展迅速，村民向往城市生活的心理状态直接反映在由村庄向城市的迁移上，村落的传统文化也随着村庄人口的流失而逐渐没落。

（三）基础设施匮乏

箬竹村的农家旅游业正在发展中，但现有的基础设施还无法满足旅游业的需求，如没有统一的停车场及附属设施，垃圾处理系统、网络通信设施及电力系统等还不健全。

第二节　箬竹村的转型原则与发展目标定位

一、转型原则

根据箬竹村的现状，在提高传统村落形象美的基础上，建设传统气息和文化特色浓郁的传统村落居住环境，创建交通便利、设施完善、功能齐全、生活舒适、环境优美的旅游型传统村落。具体遵循以下原则。

（一）以人为本

城市快节奏、便捷的生活方式和繁忙、压抑的生活状态容易使人失去高品质的生活。传统村落的转型设计要着重体现村落的环境质量，打造休闲、惬意、轻松的村落环境，满足人们对饮食、住宿、休憩等的生活需求，在舒适的自然环境中感受传统村落给予人的心灵享受。

（二）改变传统观念

新农村建设之前，村落在一些人心中的印象是生活环境差和"返古"的生活品质，甚至在新农村建设时期，一些人对村落脏乱差的观念仍未改变，村落人口的流失、环境的破坏、生活设施的落后等阻碍了传统村落的发展。

传统村落设计转型的目标是建设崭新的、清新的、诗意的美丽乡村，村落的成功转型不仅改善了村落的生活环境，更刷新了扎根在人们记忆中农村"脏乱差"的形象。

（三）提高审美层次

美丽乡村建设最大的改变在于，人们对传统村落的观念有了颠覆性的改变，开始追求乡村的生活品质，主要表现在生活美、生产美、环境美等方面。

（四）发挥地方优势

充分运用箔竹村的地方优势，规划具有地方特性的旅游景区，以乡村度假为基础，融入农家餐饮服务，打造特色突出、亲近自然的箔竹村美食度假村，提高箔竹村的品牌价值。

（五）传承特色文化

转型规划应坚持对地方特色与传统文化的传承，通过展示地方建筑特色和传统风俗，如箔竹采茶戏、耘禾打鼓歌、长龙百年、下山殿祈福等，以及箔竹村传统技艺，如手工油豆腐制作、烫皮制作、线粉制作、豆粉膏制作等，促进箔竹村旅游业的发展。当村落旅游文化效益带动村落经济利益时，人们就能从意识到行动上支持对传统文化的传承，以及村落保护和设计转型。[①]只有如此，传统村落才能从根本上得到可持续发展，实现对传统村落建筑特色和传统文化的传承与创新。

（六）提升经济水平

传统村落的转型不仅满足了人们对村落惬意、悠闲生活的向往，也改变了人们记忆中脏乱、灰暗的农村形象。与此同时，随着传统村落旅游业的大力推动，到箔竹村游玩的人流量随之增加，箔竹村的旅游业及其他衍生产品的经济效益得到显著提升。

二、发展目标定位

（一）规划范围

箔竹村是第四批被列入中国传统村落名录的村落。为实现传统村落向美丽乡村的成功转型，继承优秀历史文化遗产，建设箔竹美丽乡村，《箔竹村中国传统村落保护规划》提出以下几点：首先明确转型什么，摸清箔竹村的现状及发展目标；其次明确怎么转型，探索村落传统格局、环境风貌、历史与传统建筑的转型措施与方法；最后完善基础设施，保证当地村民的正常生产生活需要。

中国传统村落的转型规划要重点考虑转型与发展的协调关系，以改善村民生活条件、乡村生活环境为目标，因此，箔竹村应先明确规划范围，并对张家、郑家在内的村庄建设用地及周边的梯田、林地、河流等自然风貌环境进行规划设计，

---

① 张向武. 集聚与重构——陕南乡村聚落结构形态转型研究[D]. 长安大学，2012：16-17.

从而实现村落向美丽乡村的成功转型。

（二）规划目标

美丽乡村的建设不仅改善了村落环境，村落的定位及发展也随之发生变化。箔竹村从自给自足的农耕社会向度假村、旅游业的成功转型，反映了美丽乡村设计转型的重要性。箔竹村成为人们体验独特地域风情、传统礼仪和美食文化的休闲度假胜地。在这里，不仅可以感受村落的自然、生态气息，还可以欣赏传统地域文化，品尝当地美食，观山观水观美景，养身养性养心情。箔竹村的规划目标主要包括以下几点。

第一，确定自然环境、历史文化资源的现状，找出设计转型中需要注意的主要问题。

第二，确定箔竹村的主要特色及价值，根据村落的自然和人文特性确定设计的主要内容与重点。

第三，针对箔竹村存在的问题提出解决方案及措施，并对村落人口与社会发展、用地空间布局、各项设施做出相应调整和改善。

第四，划定设计范围，明确村落空间格局，以及建筑古迹的维护及修复方法，对核心设计区域的每处建筑进行建筑质量分析，确定整治模式和具体的维修方法，制定传统文化、非物质文化遗产的保护及传承措施。

第三节　箔竹村规划设计方法

一、山水格局的保护

箔竹村四面群山环绕，村落整体格局完整，张家、郑家位于盆地之中，相隔一条秀水河，秀水河由六条支流汇流而成，以燕窝型环绕村落顺流而下。箔竹村的选址得天独厚、山环水抱，山水格局可以概括为"六山相抱、六水相汇、层叠错落、燕窝格局、两巢相望"。

1）六山相抱。箔竹村地处眉毛山、大南山、石埂山、笔架山、珠盘山、下山六座山环绕形成的山脉盆地中央，天然形成的山水格局是箔竹村独有的财富。

2）六水相汇。盆地中央的秀水河由六条支流汇聚而成，崎岖美丽的秀水河发源于眉毛山顶端，河水由西北向东南穿流而下，具有九曲秀水河之称，优越的自然环境为各类生物提供了良好的生存条件。

3）层叠错落。山谷内农田沿六条溪水两岸向四周逐渐抬升，随着地势盘绕至周边山脉的半山腰，形成了赣西北山区层层叠叠、高低错落的独有梯田美景。

4）燕窝格局、两巢相望。张家、郑家两个村落分别被源于眉毛山顶和石埂山顶的小溪呈燕窝形环抱。两村落相距 300 米，坐落在梯田之中，遥遥相望，形成了箔竹村世外桃源生活的归巢。

为了保护箔竹村的生态环境，以古村落为中心，《修水箔竹景区旅游发展规划（2016—2030）》提出生态环境保护与控制要求。

1. 生态环境保护范围及规定

将箔竹村周围的山脉、丘陵、林地等纳入生态环境保护范围内，在该范围内，居民住宅、公共及市政设施等只允许在村庄建设用地范围内建造。加强山体林带养护，保持水土，禁止任何建设或开垦行为，同时对村域内已经开挖的山体、丘陵等实行生态修复措施，对现有山塘、溪流等水体实施保护。

2. 农田种植地的保护

农田种植地包括基本农田、一般农田。耕地是箔竹村千百年来赖以生存的根本，是村落历史文化景观的重要组成部分。耕地是箔竹村村民的生活保障，保护耕地相当于保护箔竹村的经济根本。

在《中华人民共和国土地管理法》相关规定的基础上，《修水箔竹景区旅游发展规划（2016—2030）》对箔竹村的农田进行了以下保护规定：①非农业建设必须节约使用土地，可以占用荒地的不得占用耕地；②禁止占用耕地建窑、建坟或擅自在耕地上建房、挖沙、采石、采矿、取土等；③禁止占用基本农业发展林果业和挖塘养鱼；④禁止任何单位和个人闲置、荒芜耕地。

3. 河流水体的保护

为保护村庄的整体生态环境、维持田园与水系的现有格局，对村域规划范围内的水体环境实施保护措施，具体包括：对存在坍塌、山洪淹没隐患的河岸，及时整治和清淤，保护河岸两侧的树木林带；禁止在河道、河岸两侧新建无关建筑物，以及挖河堤、埋沙土等破坏活动；保护现有水塘，采用加固、构筑塘岸基脚等处理手段；禁止村民将生活垃圾和生活污水直接排入水域。

4. 山体植被的保护

村庄周边的山体植被是不可或缺的自然资源，要建立环境优美、气候宜人的村落，必须严禁对山体实施开采和破坏，特别注意森林防火。

二、村域空间的管制

箔竹村用地分为村民住宅用地、村庄公共服务用地、村庄道路用地、农林用地、水系。综合村庄未来发展、新增用地等各方面的考虑，科学规划箔竹村空间布局及村庄建设用地。

（一）土地利用规划

箬竹村执行《修水箬竹景区旅游发展规划（2016—2030）》《箬竹村中国传统村落保护规划》中的要求，确定村民住宅用地、村庄公共服务用地、村庄道路用地、农林用地、水系的边界范围和用地规模总量。

（二）古村落保护

箬竹村拥有独特的山水格局，因此要保护村庄的历史格局与山水环境，突出村庄与自然山水、农田、水系的整体关系，遵循中国传统村落保护的要求，对箬竹村周边环境进行保护，严格控制建设用地。

（三）村域建设引导

为确保村庄建设符合相关规划要求，《修水箬竹景区旅游发展规划（2016—2030）》对箬竹村进行分区分级控制引导，将箬竹村范围内的用地分为四类建设控制区：禁止建设区、建设严格控制区、建设一般控制区和建设引导区。

1. 禁止建设区

禁止建设区主要为土地利用规划中明确禁止建设开发和难以开发的用地，以及从传统村落保护和景观视线角度分析应保护的区域，包括村域内的基本农田、山林地和景观视线集中区。

2. 建设严格控制区

箬竹村保护范围和周边景观（远景眺望）的视线敏感区内，在无批准情况下，禁止新建其他建筑物或构筑物，杜绝任何破坏地表植被和毁林的行为。

3. 建设一般控制区

在土地利用规划中允许建设区域和景观视线影响较小的区域内，经规划审批可建设少量的农业生产、乡村旅游服务的临时性建筑，公厕、垃圾收集点等基础设施，以及为农业生产服务的小型构筑物。新建住宅的建筑风格、体量应与传统村落的风貌保持一致。

4. 建设引导区

建设引导区为适宜开发建设的区域，主要包括土地利用规划中允许建设用地和景观视线分析没有影响的区域。该区域内建设的居民点、公共服务设施应当注意与传统建筑风貌相协调，且不得任意更改土地使用性质。

三、道路交通的完善

传统村落的道路交通在新农村建设时期已经得到初步改善，但要达到舒适与美观，其硬化程度和绿化程度还需进一步完善。在箬竹村的道路整治规划中，首要的是如何完善村内道路的路网结构；其次要解决村内道路硬化的质量问题，着重与室内给排水管道及市政设施管道铺设工程相结合。

一般情况下，村镇道路可以根据其使用功能、性质和交通流量分为主干道、次干道、支路，村庄道路一般分为村庄主路、村庄次路、宅间小路。村庄道路结构应根据村庄道路现状、发展规模、用地规划、景观布局、地面水排放、工程管线布置等之间的关系进行逐步规划。村庄道路结构规划直接影响村庄布局、未来建设发展和生活环境，道路结构一旦确定，村庄的交通系统、建筑布局、生活方式等都被固定。所以，在规划或调整道路结构时，需要根据当地的具体情况，因地制宜，合理设计，杜绝为了追求整齐平直、对称等形式而破坏村庄整体结构。

（一）村域路网结构

加强箬竹村村道（盘山公路）与323乡道、227省道的对接，打通箬竹村北部的交通枢纽，与294乡道取得步行交通联系，加强箬竹村与外部的交通联系。

1）过境公路，规划路面宽度10米。
2）村域主路，即通往黄沙镇、黄坳乡的村域内道路，规划路面宽度6米。
3）山间步行路，即分布于村域范围内的山间步行小路，规划路面宽度为2米。

（二）村庄路网结构

1）村庄主路，即村庄南北的两条主路，规划路面宽度为6米。
2）村庄次路，主要连接村庄主路与宅间小路，规划路面宽度为3米。
3）宅间小路，即通往各户住宅的乡间小道，规划路面宽度为2米。

（三）生态游步道

1）溯溪游步道，修建于溪流旁的游步道，选用当地石材，如麻石或青石板，部分路段采取栈道方式修建，规划步道宽度为1.5~2米。
2）田园游步道，在梯田修建一条生产、观光游步道，采用防腐木、鹅卵石或麻石进行铺设，规划步道宽度为1—1.2米。

（四）社会停车场

结合《修水箬竹景区旅游发展规划（2016—2030）》，在箬竹村入口处规划一处生态停车场，以限制社会车辆进入箔竹村内，避免对村庄环境造成不利影响。停车场地面可采用透气、透水性较好的材料，如空心网格砖，并种植绿化用草皮，每隔 3—5 个停车位种植樟树或水杉，形成绿荫覆盖的生态停车场。

四、景观视廊的控制

根据人视觉可达的视线控制敏感区，结合箔竹村周边山体格局的实际情况，将古村周边山脊线以内的范围作为重点保护的观山视廊，特别注意基础设施构筑物建设对视线的影响。合理规划箔竹村的边界景观视廊，扩大箔竹村景观的视线范围。

（一）观山视廊

观山视廊，指从箔竹村望向周边山体景观时形成的景观视廊。重点是看向下山、笔架山、珠盘山山体的视廊，看向下山、石埂山、眉毛山、大南山山体的视廊，以及箔竹村入口处向北望西眉毛山、大南山的视线廊道。

（二）山体制高点视廊

加强对从箔竹村四周山体的制高点向箔竹村俯视的景观视线范围的控制，重点保护从眉毛山向东南石埂山向西望箔竹古村的视廊。

（三）滨水景观视廊

滨水景观视廊是指秀水河两岸的景观视线，确保水系景观与山体景观的开阔性、通透性，禁止种植树木、建设活动对视廊的遮挡。

五、基础设施的优化

（一）给水工程规划

箔竹村规划区内的供水水源主要来自秀水河上游溪水，秀水河上游溪水经沉淀池、消能箱处理达标后，经统一给水管接入住宅，给水管沿道路和山脚铺设，形成环状，计划人均日综合用水量为 0.25 吨，预测日总水用量约为 75 吨，以满足村民和游客的用水需求。

（二）排水工程规划

在张家、郑家两个居民点各建一处化粪池，以改善住宅厨房和厕所的污水排水系统。生活污水经污水管统一排入住宅前后新建的三格化粪池处理净化后，再排入农田、菜地。采用雨污分流的排水体制，疏通村落的排水沟渠，根据箔竹村地形地貌特征，雨水通过明沟、涵洞就近排入农田、河流。

（三）供电工程规划

建立安全可靠的供电系统，满足村民生活生产和旅游接待用电需要。规划区内由李村接入 10 千伏变压器，为避免影响箔竹村景观，规划 380 千伏或 220 千伏电力电缆均采用直埋敷设，沿道路两侧通至住宅。电力电缆在车行道下的覆土深度不小于 0.7 米，穿过道路时应穿钢管保护。

（四）通信工程规划

沿主要道路敷设一条通信光缆，解决箔竹村无数字电视、网络宽带的问题，在眉毛山顶设一处移动基站，4G 信号覆盖整个古村。在郑家西侧设置一处电讯交接箱，实现村落固定电话和网络完全覆盖，以满足村民生活与旅游发展需求。

（五）燃气工程规划

目前，箔竹村的燃料以焚烧木柴为主，这不仅影响了村庄空气质量，更破坏了古村的生态环境。建议箔竹村装置以液化石油气为主的燃料设施，但燃气存在一定的安全隐患，为了避免古村的建筑及环境受到危害，燃气罐服务中心不应设置在古村内，可在箔竹村以南 4—5 公里处的李村设置一处液化石油气服务点。

（六）安全防灾规划

箔竹村建筑以明清及民国时期的居多，具有较高的保护价值。随着建筑"年龄"的增长，安全隐患开始逐步显现，为了避免古村传统建筑遭受自然灾害或人为破坏，应提前做好消防安全防范工作。

1. 提高建筑的耐火等级，对可燃性建筑构件进行处理

在对原建筑风格没有较大影响的基础上，对建筑中的梁、柱、坊、楼板等承重木构件的表面涂刷或喷涂防火涂料，来提高传统建筑的耐火等级。

2. 更换电气路线，安装电器照明设备

箔竹村内存在照明电线随意乱接、没有穿管保护就直接敷设在屋檐下和电线老化等问题，具有严重的安全隐患。因此，传统建筑内安装照明设备必须按照电器安全技术规范严格执行。

3. 加强传统建筑的消防设施

由于箔竹村与消防站距离较远，发生火灾后不能完全依靠消防人员的扑救，传统建筑应完善自身的消防设施，以便在火灾起始阶段就能进行有效控制，减少人员伤害以及对文物的破坏。

规划将月塘设为消防紧急取水点，沿秀水河设 2 个消防取水点，以加强箔竹村的消防安全。在传统建筑内，安放干粉灭火器、消防水缸等消防设施与设备。在院落、活动场地设置消防水缸，配备 1—2 个可移动的小型水泵、水带，其中水带不短于 400 米长，水枪不少于 8 支。在张家宗祠、旅客接待中心分别建设消防设备室，用于存储水带、水枪、水泵等消防器材装备。

4. 提高防洪能力

加快道路、给排水、避灾场地等基础设施建设，增强综合防灾能力，以确保防洪安全。2017 年 6 月的强降雨使得箔竹村开启暴雨红色预警与洪水橙色预警，此次特大暴雨引发的洪灾使箔竹村的农作物受到严重损害。山体滑坡导致出入村庄的主要道路被覆盖，出行受到严重阻碍。因此，防洪是箔竹村预防灾害的重点。

为了提高箔竹村河道的防洪能力，提出以下几点建议：严禁建筑侵占河道；严禁向水体倾倒各种垃圾；严禁在河道周边取土、填土等土方工程作业；加强河流两岸的植被建设；在建筑背面沿山脚的适当距离，根据山体等高线设置截洪沟，以确保山洪的排泄通畅。

（七）环保环卫规划

古村内设置垃圾转运点、垃圾收集箱、公共厕所等环卫设施，配置专业人员清扫、管理。垃圾转运点设于郑家西侧的主要道路旁，将垃圾收集后，集中转运至集镇垃圾中转站。在郑家游客中心、张家宗祠、箔竹村南部入口附近各设置 1 处公共厕所。

六、建筑外观的改造

箔竹村的建筑展现了传统村落风貌和地方特色，具有一定的历史价值，对此类建筑实施改造时，要坚持以保护传统建筑为主、新建筑与传统建筑共生的原则，根据各栋传统建筑自身的特点采取相对应的改造措施，在日常保养、修缮、防护、加固时，要保持原有建筑的高度、体量、外观和色彩。

本书所说的旧建筑改造以风格、装饰、色彩等为主，主要是对建筑外墙的色彩、墙面饰材、附着物以及建筑顶部进行改造，对建筑外观进行修缮和改造时，坚持"修旧如旧"的原则，既要保持历史遗存建筑的真实面貌，还要从建筑外观上提升村落形象，使传统建筑风貌与周边新建筑及村落环境相统一，呈现出和谐、生态、舒适宜人的美丽乡村。

（一）风格

箔竹村在保存传统建筑风格的基础上，通过提炼传统建筑的文化元素，对传统建筑的形象进行了改造。

箔竹村的建筑风格为赣西北特色民居，改造时应突出当地黄土墙、黛瓦顶、麻石门栏等特色。从箔竹村的地域、风俗、民情、文化、环境和现代化建设理念，将地方特色与现代技术相结合，最终形成箔竹村独特的民居建筑风格（图5-1）。

图 5-1 建筑立面修缮图

资料来源：《修水箔竹景区旅游发展规划（2016—2030）》

（二）装饰

受堪舆文化的影响，箔竹民居的大门通常采用双木门，一般布置在建筑南面，民居的大门相当于村落的入口，是建筑装饰的重要部位。窗的位置需要考虑屋内的通风与采光，雕花木窗展现了箔竹木雕的传统技艺，窗格的雕刻技术精湛，材质采用木结构外窗框，在保留原有赣西北建筑风格的同时，展现箔竹村的"原汁原味"。

（三）色彩

传统赣西北民居的色调以黄土、原木色为主，改造后的民居仍然保留原有的色调，并对传统旧建筑的色彩进行收集、调和、提炼，丰富箔竹村的色彩环境。

七、景观环境的重构

（一）村域景观规划

1. 梯田景观设计

梯田是箔竹村景观的主体，也是农作物和经济作物的主产地，根据农作物播种与成熟时间的不同，呈现出不同的乡村景色。不同于村域内其他景观，梯田首先应该满足农业生产的需要，由于梯田的面积较大，规划根据箔竹村土地的特性和景观构成要素的情况，对箔竹村梯田实行统一规划，以延长梯田景观的观赏期。箔竹村梯田以观赏性中药材为主，如4—5月为牡丹花期，6—9月为桔梗花期，9—11月为菊花花期，一年四季展现出不同景观。

2. 山地景观设计

箔竹村四面环山，形成与平原村庄不同的山地景观特征，这决定了箔竹村景观的独特性。箔竹村最显著的特点在于坐落山中，村庄规模较小，经济发展缓慢。自然景观保存完好，并以原生态森林植被为主，景观层次感明显，所以在景观规划时应以保护为主，利用借景的设计手法，将山地自然景观作为村落景观的生态背景。

3. 农耕景观设计

箔竹村以农耕作业为主，农业生产用具不仅能满足生产所需，还具有浓郁的地方文化色彩和独特的外观美感。以农业用具为元素融入村域景观设计中，将景观环境与人们的生活紧密相连。

（二）村落特色景观节点设计

在箔竹村中，村庄的入口空间、街道空间和广场空间是景观规划的重点。

1. 入口景观设计

入口空间作为进入村落的起始点，其景观表现应开阔明朗或以高大的植被遮掩形成半遮半掩的神秘感。对于游客而言，村庄入口景观决定了他们对村落的第一印象，也决定了他们对村落景观的游览兴趣。因此入口景观不仅要增强辨识性，还要增加入口前后空间的关联性。

2. 街道景观设计

箔竹村内部交通规划设计遵循"以人为本"原则，以舒适为标准。箔竹村街道受地形的限制，呈现蜿蜒曲折的形态，村庄建筑两侧界面以传统建筑为主，街道以大块条石或鹅卵石铺砌。山地街道受地形和两侧建筑的限制，或宽或窄，或自由弯曲或交叉纵横，山道顺应地形层叠而上。

山水与街道是箔竹村景观的核心，箔竹村以保护山体原有的自然形态为设计原则，严禁挖山、填塘和将水域、道路裁弯取直的行为。箔竹村地貌较为复杂，地势起伏大，呈现多形式分散布局，因此街道空间要顺应地势地貌的形态，高低错落依山就势，禁止开山平底成行成列。

3. 广场景观设计

村内除主要的交通要道外，还分布着大小不等的广场，这类广场多为自发形成的，形式多不对称或不规则，且服务半径较小。广场不一定位于村庄的中心点，但人际交往、商业活动、休闲等是广场的核心功能。

箔竹村的休闲娱乐活动以文化演出、民俗活动为主，因此广场的设计不能以城市广场的设计为模板，而应结合村落当地特性，充分运用地域性传统符号、历史文化特色和当地材料，采用淳朴的设计手法，展现出地方自然风貌、民俗文化、风土人情，打造出适合箔竹村的广场景观。

八、传统文化的传承

地方性特色主要取决于村落传统文化的传承，非物质文化是箔竹村传统文化的一部分。

箔竹村充分挖掘和利用自身的传统文化资源优势，形成新的产业链。例如，建设生态型产业（生态农业和旅游服务业），强化农业在村庄的基础地位，促进生态观光农业的可持续发展；利用传统文化资源，结合民俗、戏曲、农耕、建筑等特色，开展演出、体验、观光、展览等活动，如"八班子"采茶戏、耘禾打鼓戏、下山殿祈福、农耕体验、文化展示与农家食品制作等。通过融入传统文化内涵，发展村庄文化旅游，增强人们对历史文化的保护意识，以及对传统文化的自信。

第四节　汤桥村十年建设的变化

一、村庄十年来社会经济稳步发展，劳动力从业结构发生改变

根据汤桥村村委会提供的数据，2008年，汤桥村共有519户农户，户籍人口

共 2511 人。2018 年，汤桥村全村辖 8 个村民小组，共计 512 户农户，户籍人口为 2480 人（表 5-1）。其中，男性人口为 1280 人，女性人口为 1200 人，其中布依族人口数占 1‰。

表 5-1　汤桥村十年人口数量对比

村庄	2008 年			2018 年		
	户数/户	人数/人	户均人数/人	户数/户	人数/人	户均人数/人
汤桥村	519	2511	4.83	512	2480	4.84

资料来源：黄沙镇政府提供

对比汤桥村 2008 年和 2018 年的人口数量变化，可以发现，该村人口数量及总户数变化不大，较为稳定。

关于"您的职业"这一问题，汤桥村受访村民以务农和个体工商业从业者为主，少量受访村民为农民工、教师等。

在"家庭年均可支配收入"的问卷调查中，汤桥村受访村民的情况如图 5-2 所示。

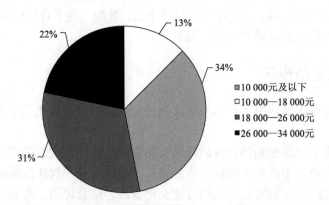

图 5-2　受访家庭年均可支配收入

汤桥村受访村民家庭年均可支配收入为 10 000 元及以下的占 34%，18 000—26 000 元的占 31%，26 000—34 000 元的占 22%，10 000—18 000 元的占的最少，为 13%。调查数据大致呈中间大两头小的分布趋势。

根据访谈问卷，调查小组了解到，10 年前村民职业主要为务农，且经济来源较为单一。2008 年后，不少村民进城务工，村内常住人口数量开始减少。新农村建设期间，村政府不断鼓励当地居民返乡创业及统筹发展特色产业，并加大培养特色产业基地力度，走规模化发展，将人才留在当地。

对比 2008 年与 2018 年汤桥村村民的职业分化情况（表 5-2），务农依然是该村的主要经济来源，2018 年的农民工人数是 2008 年的 2 倍多。在调查小组走访其他两个样本村庄时也深刻感受到，除农忙时，外出务工已经成为当地村民增收的主要途径之一。

表 5-2　汤桥村村民 2008 年与 2018 年职业分化情况

职业	2008 年		2018 年		备注
	人数/人	占比/%	人数/人	占比/%	
农业劳动者	351	81.6	292	63.2	务农
农民工	62	14.4	132	28.6	外出务工
智力劳动者	2	0.5	5	1.1	乡村教师、幼师、医生
乡村个体工商业	5	1.2	23	5.0	商业、手工业
乡村管理者	10	2.3	10	2.1	村干部、村民组长
合计	430	100	462	100	

资料来源：黄沙镇政府提供

根据调查小组对村庄常住人口及外出务工人口的调查，该村劳动力主要流向修水县城、南昌市、武汉市及广州市等地，从事工业生产、服务业等。留乡从事农业劳动的大多数为老人及少量妇女。如今，农业机械的广泛运用大大减少了农业生产对劳动力的需求，汤桥村几乎实现了农业机械化耕种。

二、村庄规划实施质量明显提升

汤桥村村庄规划建设年限为十年（2008—2018 年），分为三期进行实施。①

2008 年，汤桥村开始进行中心村规划建设，为满足村庄建设和发展需要，切实改善居民生产生活条件和生态环境，促进汤桥村经济协调可持续发展，编制了《修水县黄沙镇汤桥村中心村建设规划》。该规划将规划范围分为"一心、多廊、三组团"。其中，"一心"指由汤桥文化广场、村委会和幼儿园等形成的公共服务核心；"多廊"指贯穿各个组团间的景观廊道；"三组团"指旅游疗养组团、生态居住组团、商业发展组团，总规划面积为 21.05 公顷。旅游疗养组团在旧村区域，规划面积为 4.33 公顷；生态居住组团在新村区域，用于安置各小组聚居村民，规划面积为 5.63 公顷；商业发展组团在老屋居住区及商业聚居区，规划面积为 11.09 公顷。

---

① 云南开发设计研究院. 修水县黄沙镇汤桥村中心村建设规划说明书[Z]. 2014：6-17.

2012年，汤桥村完成第一阶段分期建设规划，包括核心区民房建设、汤桥风情街建设、农贸市场建设及旅游区初期建设，以及206县道两侧建筑立面整治工作，并依据规划文本完善了街道景观。2013年，汤桥村完成了村庄东部区域的道路及活动场地的建设工作，以及对小学、幼儿园办学条件的改善工作。2015年，汤桥村完成了村庄东部区域景观绿化的建设工作，种植各类景观花草树木，并配置了各种园林小品及环卫设施（图5-3）。

休闲坐凳示意图　　　　　　　宣传栏示意图　　　　　　　亲水平台示意图

图 5-3　景观小品设计意向图

资料来源：修水县黄沙镇汤桥村中心村建设规划

2015年开始进行第二阶段规划建设，当时预计五年内完成西部组团村庄建筑整治，规划村庄建设布局，新建房屋按标准户型设计；完善西部组团内部景观绿化及环卫设施建设，新建西北部组团内部农家乐设施，对接汤桥旅游。

2018年，在前期两个阶段规划建设完成的基础上完成南部商业组团，同时在三个组团的建设进程中发展206县道及汤桥风情步行街这两条主要轴线，形成前期规划的"一心、多廊、三组团"的结构布局。

三、汤桥村新农村建设十年村庄景观环境变化

（一）村庄街道环境变化分析

街道是村庄公共空间的重要组成部分，是承载村民人际交往活动、商业活动、

户外活动等公共活动的重要场所。美国学者威廉·怀特说过："街道存在的基本理由，就是它向人们提供了一个可以面对面接触的中心场所。"[①]对一个村庄或城镇的第一印象便来源于其街道环境。

2008年起，汤桥村开始进行新农村建设。建设之初，该村主要街道尚未进行路面硬化，且道路宽度较窄，车辆进出村庄容易受阻。

2010年，汤桥村开始进行道路交通规划建设，原则有三点：一是为当地村民提供完善、便捷的交通系统，满足村庄消防通道的需要；二是结合村庄布局、道路现状、水系和建筑现状，对全村车道、步行道的改造进行合理规划；三是划分道路等级，合理设置路面宽度。

2015年，根据使用需求，汤桥村将村庄规划区域内道路分为三个等级，即主要道路、次要道路和宅间道路。主要道路为进出村庄的主要车行道，应做到全面水泥硬化，路面宽度为5—7米。若是新建道路，路面宽度可设为7米。次要道路为各居住组团间的联系道路，路面宽度为4—5米。宅间道路为通往各户门前的小路，路面宽度为3—4米。

2016年，汤桥村开始大力发展第三产业，力推"帝师故里""汤桥温泉旅游度假村"两个风景区，村内现有用地已经不能满足村庄发展需求，因此，规划了建设汤桥风情步行街和4处停车场，以满足现阶段村内用地需要。

（二）建筑风貌

村庄建筑风貌最能体现村庄特色与当地文化。吴良镛在《人居环境科学导论》中将建筑定义为"为人类及其功能和活动提供庇护的所有构筑物"[②]。

汤桥村的建筑以赣派民居为主，建筑结构多为青砖木结构、简易木结构、土砖木结构、砖混结构。其中，青砖木结构的建筑主要为清代建筑；简易木结构的房屋为临时搭建的家禽养殖棚房；土砖木结构和砖混结构的为20世纪80年代后建设的居住用房。

2015年，根据建筑年代、建筑风貌、建筑质量、建筑高度、建筑结构，对村庄现有建筑物进行了综合评价，将汤桥村的建筑划分为三个等级，其中具有保护价值的建筑归为一类建筑，对于这类建筑，要进行统一的保护和规划，如汤桥、万承风故里等；将体现汤桥村建造风格和建筑结构的归为二类建筑；其余的为三类建筑。一类建筑的修缮改造必须遵从文物保护规范，二类和三类建筑的修缮改造可根据自身风貌、质量、结构的特点，采取保留、整治、拆除等措施，但要保

① Platt R H. 威廉·怀特：对人性化大城市的构想[J]. 李蕊芳，译. 国外城市规划，2003（4）：19-21.
② 吴良镛. 人居环境科学导论[M]. 北京：中国建筑工业出版社，2012.

证与村庄整体风貌相互协调。[①]

2015年汤桥村再次修订村庄建设规划，确定汤桥古村建筑风貌及建筑形态为客家风格。对于现代建筑，应对其立面进行改造，新建住宅屋顶宜使用坡屋顶[②]，建筑色彩以青色、土黄色为主体。

经过十年新农村建设，汤桥村在房屋建筑特色改造方面取得了值得肯定的成绩，但是在房屋建筑改造过程中如何保留当地特色、合理地保护历史遗存仍然是古村需要重视的问题。另外，村庄在大力开发建设的过程中，对当地生态环境的保护力度不够，距离美丽乡村的标准还有一定的距离。

（三）村庄绿化

村庄绿化规划要考虑规划建设区域内周边山体、水系、农田等自然景观及人文要素，在规划编制中引导村内形成"一核、两带、多廊、多点"的绿化景观体系。

"一核"指由畲族文化广场形成的中央绿化核心；"两带"指的是汤桥村北部及南部耕地，通过种植水稻、蔬菜等农作物形成的田园风光带；"多廊"指贯穿各居住组团的景观廊道；"多点"指各居住组团内规划形成的公共空间景观节点。景观设计强调植被应以组团的形式建设，形成点上成景、线上成荫、面上成林的绿化体系[③]，将景观绿地融于农家生活空间，凸显农村景观风貌的特质。住宅周边可进行蔬菜种植，重点在各居住组团内部打造经济果林风光，在村庄外部打造田园风光。

（四）村庄环境质量得到明显改善

针对访谈问题：相比十年前，您觉得村内生活垃圾、污水处理、乱堆乱建等状况是否有所改善？如果有，哪些地方有所改善？如果没有，为什么村内环境卫生没有得到改善？调查小组根据村民的回答总结了村庄环境存在的几点问题：①村内建设布局散乱，违规搭建现象较为严重，严重影响了村内公共环境；②环境卫生条件较差，道路未实施硬化导致扬尘现象较严重；③垃圾随意堆放，无固定收集点，清理不及时，焚烧垃圾。

在建立垃圾处理体系之前，村内生活垃圾和生产垃圾主要以集中焚烧为主，对环境影响较大。为此，汤桥村出台了相关环境整治文本，建立了"村收集、镇转运、县处理"的垃圾处理体系，并构建了常态化的日常保洁模式。日常保洁以

---

① 云南开发设计研究院. 修水县黄沙镇汤桥村中心村建设规划说明书[Z]. 2014.

② 伍雷. 南疆民族新村建设规划探索——以阿克陶县巴仁乡吐尔村示范点建设规划为例[J]. 低碳世界，2017（6）：148-150.

③ 金晶. 北京平原区典型乡村森林景观优化研究[D]. 中国林业科学研究院，2014：89.

户或组为单位，明确保洁区域权属，将区域内的垃圾收集于垃圾桶。同时，积极推动村庄生活垃圾的分类收集、源头减量和资源利用。

第五节　朱砂村建设成就与经验

朱砂村属于保护型规划村庄，古村形态保存较好，在开始实施规划前，需要划定古村保护范围，在保护的前提下实施村落建设。

一、以完备的规划编制为规划实施的保障

乡村规划编制是对当地经济、科技、社会发展的总体部署，目的是保证乡村的发展和建设有序进行。因此，只有制定完整的规划编制，才能明确村庄建设目标和建设标准，以及科学合理地安排各项基础设施和公共设施的建设，为当地村民提供与当地社会经济发展水平相适应的人居环境。[①]

新农村建设开始后，为确保乡村规划合理有序的进行，国家相关部门出台了多项法律法规，如《中华人民共和国城乡规划法》《村镇规划编制办法（试行）》《镇（乡）域规划导则（试行）》。江西省也出台了《江西省城乡规划条例》《江西省村庄建设规划技术导则》。随后，修水县也出台了《修水县城市总体规划（2011—2030）》《江西省修水县旅游总体规划（2008—2020）》等。针对"村庄近十年是否进行过统一规划"的问题，三个样本村庄的受访村民均表示"进行过统一规划，且有完备的规划编制"。

在村庄建筑方面，《中华人民共和国文物保护法实施条例》《历史文化名城名镇名村保护条例》《江西省传统村落保护条例》等为传统村落的保护与发展提供了法律依据。

结合村庄规划文本以及村内主要建筑十年间风貌对比，朱砂村建筑保护工作主要从以下几点入手：第一，建筑物符合历史建筑认定标准，且尚未被列入历史建筑的建筑物；第二，保护传统乡土建筑及其群体肌理，保护重要的大宅第，包括其内部平面布局、外观式样与设计手法、典型装饰风格与建造材料，以及其他体现本规划保护区历史文化特征的建筑元素，保持赣西北乡土建筑风貌；第三，保护历史形成的道路与院落空间环境，维持原有的线型、宽度。[②]

根据调查小组实地探勘，《朱砂村中国传统村落保护规划》按照保留完好度、建设年代和建筑风格类型，将古村建筑划分为四类。一类建筑是指建筑格局完整，

---

① 李学东. 社会转型背景下的村庄规划研究[D]. 苏州科技学院，2010：46.
② 修水县城乡规划局. 朱砂村中国传统村落保护规划[Z]. 2014.

能代表地方建筑特色的，如培士小学遗址、洋屋里、新屋里、下位贤、三幢堂、上位贤。在古村建筑修缮过程中，尽量保持原有高度、体量、外观、色彩，对于结构体系残缺破损、建筑质量较差的给予及时修缮，在建筑外观改动的修缮过程中应保持原有风貌特征。[①]

新屋里属于一类建筑，整体结构保存完好，部分夯土附属房屋质量较差，但房屋门窗保存完好；房间内有人居住且堆有杂物，门外电线搭建混乱，需要整治，正门入口处环境需要重点整治。在与村民的访谈中，调查小组了解到，新屋里现居 3 户村民，户均常住人口约 2 人。当问及"新农村建设以来，您对自家房屋外观规划是否满意？"时，居民瞿××表示"建筑外观并未发生较大改变，屋外乱堆放杂物状况有所好转，建筑内部存在漏雨等问题，希望由政府出资帮助住户修缮"。

洋屋里建筑的整体结构保存一般，主体建筑属于二类建筑，部分夯土附属房屋质量较差，但房屋门窗等内部构件保存较为完好，房屋内部有人居住且堆放有杂物。

朱砂村的建筑整治规划通过对地面、围栏、分割构件、承重结构、屋面等进行考察，绘制历史建筑修复表，给出详细修缮建议，并将每个历史建筑的资料编号存档。

朱砂村建设十年间，乡镇政府制定了《朱砂村中国传统村落保护规划》作为传统村落新农村建设规划的法定性文件，这也是实施建设和管理的基本依据。该规划文本进行了多次修订，每次修订都进一步细化了保护规划的具体实施方案，推进了朱砂村设计的转型进度，其规划成果也会随着时间的推移越来越明显。

二、将多方配合作为规划推进的保障

村庄规划的实施是实现规划阶段性目标、推进社会主义新农村建设的关键环节。任何一项规划内容的实施都要以相应的政策为保障。十年来，朱砂村的村庄规划实施得到了相关部门以及当地居民的配合，为朱砂村规划的顺利推进提供了保障。

（一）调整监管方式，加大监管力度

村庄规划的实施是村庄建设的关键环节，任何政策从提出到实施都需要采取相应的措施作为保障。

村庄规划文本具有法律效力。2007 年全国人民代表大会常务委员会通过了《中华人民共和国城乡规划法》，城乡规划一体化的时代到来，该法将村庄规划纳

---

① 修水县城乡规划局. 朱砂村中国传统村落档案[Z]. 2015.

入城乡规划体系，并且将村庄规划作为五项法定规划之一，明确了村庄规划的编制、审批办法和步骤，明确了村庄规划的法律地位。

在村庄建设期间，不少地区按照"生产发展、生活宽裕、乡风文明、村容整洁、管理民主"的要求编制村庄规划建设文本。朱砂村的规划文本参照修水县编制的《修水县城市总体规划（2011—2030）》《江西省修水县旅游总体规划（2008—2020）》，以及乡村编制的《修水县黄沙镇总体规划（2009—2030）》《朱砂村新农村建设规划》《朱砂村中国传统村落保护规划》。这些规划文本陪伴朱砂村走过新农村建设的第一个十年，并在跨入美丽乡村建设的征程中起着重要意义。

（二）以持续增加的财政投入作为传统村落规划建设的政策支持

朱砂村整体形态保存较好，但由于当地社会经济发展缓慢且交通通达性有限，村庄规划的实施在很大程度上依赖外部的投入。朱砂村的村庄规划资金大部分来源于新农村建设专项资金、中央财政扶贫资金、地方财政扶贫资金、国家财政惠农资金等，政府资金是村庄建设的主要经济来源。

我国政府对村庄的财政投入历经了一个由少到多的过程。朱砂村村委会袁主任在访谈中表示"朱砂古村在新农村建设起步阶段，每年需要建设资金约 10 万元，但省市财政部门每年只有 1 万—2 万元的财政拨款，村庄规划建设由于资金投入不足实施进程缓慢"。2015 年，朱砂村被列入第三批中国传统村落名录，朱砂村开始享受财政部每年划拨的专项资金。袁主任表示"若古村在 2018 年成功申请中国历史文化名村，古村每年至少可获得不少于 300 万元的财政划拨，用于维护村内的历史遗存，以及保护村内各项非物质文化遗产"。

据了解，新农村建设以来，国家每年对村落建设的资金支持持续增加，以此来保护正在消失的"老家"。笔者认为政府在保护传统村落的过程中不仅要提供经济支持，还应向当地居民公开资金使用状况，形成项目评估监督机制，以确保规划项目顺利进行，促进村庄建设良好发展。

（三）加大公众参与力度

传统村落的健康发展是规划部门、政府、群众等多个相关部门及有关利益团体相互博弈的结果。[①]要让群众参与到村落发展的决策中来，针对"村庄规划过程中是否听取村民意见"的问题，有 12 位受访村民表示从未参与过村庄规划意见征询会，3 位受访村民表示征询过村民意见，但未采纳。

村民是村庄常住人口的重要组成部分，宪法赋予了人民参与村庄规划的权利，

---

① 熊平家. 近十年夏洒特色小城镇空间变化及其影响因素研究[D]. 昆明理工大学，2015：6.

村庄的发展需要满足当地居民的生活需求，因此村庄规划应该体现村民的诉求。在进行村庄规划时，一方面要切实了解民众的生产生活，关注民众的诉求，听取民众的意见和建议，进而增进民众对规划实施工作的理解与支持；另一方面要加大对村庄规划工作的宣传力度，让村民了解村庄规划工作的内容和意义，进而增强村民积极参与村庄规划的意识。[①]

三、以发展公平作为新农村建设十年的价值取向

传统村落及处于偏远贫困地区的村庄的新农村建设成效应该得到保证，部分传统村落因交通问题或者社会经济因素而成为"弱势群体"，导致其在发展过程中得不到保障，空心化状况不断严重，甚至变为"无人村"，其他社会问题也连带产生。因此，针对贫困山区、欠发达地区农村村庄建设起步时间较晚、各项建设基础较薄弱等一系列现实问题，我国根据有关扶贫惠农政策制定了贫困村庄规划编制[②]，以增强传统村落村庄规划的科学性及可实施性。

解决村庄资源配置问题。建设社会主义新农村的重要一点就是要统筹发展。[③]现阶段村庄建设发展不均衡的原因之一是资源配置及利用率不均衡，为实现全面建成小康社会的奋斗目标[④]，乡镇政府开始了贫困村申报、审批机制，帮助当地群众打赢脱贫攻坚战。根据当地村庄产业特色制订帮扶计划和脱贫计划，村镇扶贫开发领导组根据"贫困村脱贫摘帽认定表"开始进行逐项核实，审定脱贫村，发布贫困村脱贫报告连同"贫困村脱贫摘帽认定表"，报修水县扶贫开发领导小组备案，由县在脱贫村的村委进行公示。

利用市场机制调整资源分配率。公共设施、市政设施属于国家性保障资源，这些资源建设的前提是要保障所有居民能够平等地使用，如广场、健身器材、活动室及其他设施等。在新农村建设期间，我国不断调整和提高资源分配利用率，利用市场机制将有限的资源进行合理分配。

四、因地制宜、低碳高效推进村庄规划与建设

我国村庄规划从最初的简单套用城市规划的模式和方法，到逐渐探索出一套适宜我国新农村建设的理论体系，其间规划前期充分了解乡村居民生活及日常劳作的现实需要是重点。

---

① 贾少朋. 村庄规划村民参与法治保障研究[D]. 西南政法大学，2014：3.

② 荣玥芳，郭思维. 关于村庄规划的思考[J]. 小城镇建设，2012（3）：42-44.

③ 王格芳. 科学发展观视域下的中国城镇化战略研究[D]. 山东师范大学，2013：12.

④ 奋力实现第一个百年奋斗目标——关于全面建成小康社会[EB/OL]. http://news.cctv.com/2016/04/25/ARTITJsmIB5cToJQyCGY4ZmW160425.shtml.

费孝通先生在《乡土中国》中提到过，中国的乡土社会中有一种"土气"[①]，正是由于这种"土气"，古村落的物质空间和文化空间才得到保护和传承。将村庄原有的物质遗产、非物质遗产及产业等进行组织建构，利用科学合理的规划将其整合为有机的整体。根据此次调查朱砂村的建设状况，本部分主要从富有地域特色的村落风貌和低碳环保的村庄建设这两个方面总结朱砂村建设的部分成果。

（一）保护富有地域特色的村落风貌

物质遗产是村庄规划建设中需要切实保护的对象。例如，朱砂村祠堂承载了家族的记忆。如今部分村民已搬入新村或移居他地，这些历史遗迹大多已经闲置，或作为库房或成为小作坊，但从中依然可以依稀看到当年的风光。在村庄的规划过程中，各村对这些遗存建筑的保护与利用就显得尤为重要。

在调查过程中发现，培士小学被废弃多年，朱砂村将它分为两部分进行改造，一部分改造为朱砂小学，另一部分改造为朱砂幼儿园。被闲置的祠堂是朱砂村发展的见证者，将其改造为村史馆、老年活动中心和书社。

（二）低碳环保作为村庄规划建设的出发点和立足点

低碳环保是村庄规划的主旋律之一，倡导节能、环保的观念和技术并逐渐落实，是朱砂村村庄建设期间较为重要的成果。

第一，建造工艺不宜过分追求高技术，倡导因地制宜，利用地方材料，通过低成本实现保温和隔热的效果。朱砂村倡导新建房屋采用当地的土坯砖、茅草、竹材等具有较好隔热功能的建材，通过加厚墙体的方式，达到保温和隔热的效果。

第二，积极推广绿色能源，如沼气、太阳能、风能、浅层地热能。目前，阻碍绿色能源利用的主要因素是农村地区秸秆资源丰富，多数村民仍然使用柴火作为日常生活的主要能源。村庄安排专业的建筑工作人员及技术人员，培育绿色设备市场，促进更多的厂家生产更为完备的设备并提供技术支持，最终使得我国新农村住宅达到节能、低碳、环保的目标。

第六节 总结与启示

一、黄沙镇十年村庄建设规划的主要成果

（一）总体布局从单极变为多极

2009—2015年，黄沙镇村庄总体规划由重点建设镇域转为重点建设镇域、中

---

① 费孝通. 乡土中国[M]. 北京：北京大学出版社，2006：2-3.

心村，并以中心村为发展核心，带动基层村经济发展，形成"以点带面、多分点扩散"的模式。此外，黄沙镇政府请九江市规划局制定了《修水县黄沙镇总体规划（2009—2030）》，用于明确镇域的总体规划和发展方向。

（二）道路交通系统升级

新农村建设开始前，黄沙镇基层村及中心村难以发展的主要原因是当地道路体系较为落后。由于黄沙镇山林较多，进村道路受自然灾害影响较大，村庄之间暂未实现互联互通，道路硬化未落实到位，修铜线经济发展轴、黄李岭线经济发展轴、汤瑶线经济发展轴还在规划过程中。

2010—2011 年，黄沙镇在完善村落基础设施过程中，首先确定了四条村级道路的硬化工作，中心村、基层村道路硬化工程分期进行，以方便村民外出。2012—2014 年，以修建好的村级公路为依托，搭建城镇建设框架，完善基础功能配套，完成了修铜线路段改造工程，油岭红豆杉保护区公路建设，修通毛田公路、大坪公路等组级公路，修建瑶村至江源的公路，建立起以黄沙镇为中心的道路交通系统，形成村镇、周边省市互联互通。

在构建村镇交通系统的同时，根据当地特色，发展生态旅游。依托箬竹村休闲观光旅游区、汤桥人文生态养生度假区进行旅游发展规划，并规划建设旅游公路、停车场、游步街道，促进道路沿线旅游项目发展。

（三）村庄产业规模得到拓展

1. 农业布局规划

2009 年以前，黄沙镇的农业布局较为单一，大多种植水稻等基本农作物，较少种植经济作物。2010—2014 年，黄沙镇政府对当地农业产业进行规划，主攻桑蚕生产、林业生产、茶叶、蔬菜，其中瑶村、汤桥、下朗田、长坑、付家铺重点发展桑蚕产业。2012—2014 年，年均增加桑园 200 亩，2018 年桑蚕养殖面积已达到2000 亩。林业生产以黄沙桥和彭桥为主，重点发展经济林和果园作物。2018 年，全镇林业占地面积为 227578 亩，其中有林面积为 208416 亩，占林地总面积的91.6%；疏林面积 8606 亩，占 3.8%；灌木林面积 10556 亩，占 4.6%。未成林面积20116 亩，用材林面积 165346 亩，新炭林面积 13335 亩，竹林面积 456 亩，经济林面积 4183 亩。[①]长坑、汤桥、泉源、下朗田村等地重点发展茶叶，2012 年茶园扩展至1000 亩。彭桥、黄沙桥、泉源、李村重点发展蔬菜种植，2012—2014 年建立了 200 亩的蔬菜种植基地、300 亩的蔬菜示范基地和 3000 亩的蔬菜供给基地。

---

① 九江市规划局. 修水县黄沙镇总体规划（2009—2030）[Z]. 2009.

2. 产业布局规划

2009—2015 年，黄沙镇根据自身资源特点及宏观规划对全镇产业布局进行了优化，详见表 5-3。

表 5-3 黄沙镇产业布局规划

投资方	年份	投资额/万元	投资项目	投资地区
南昌晨鸣林业发展有限公司	2009	1 100	原料建设	岭斜箬竹村
修水县天赐本草保健枕厂	2010	500	保健枕	黄沙桥
丰城市花旗置业发展有限公司	2010	8 000	瓷土矿业	黄沙桥
宏宇芦笋产业开发有限公司	2009	5 000	芦笋加工	下朗田
湖北天地人健康食品有限公司	2010	300	蔬菜专业合作社	彭桥、泉源、黄沙桥、李村
江西省桑蚕叶研究所	2011	1 000	桑蚕养殖	瑶村、汤桥、下朗田、长坑、付家铺
福联建材有限公司	2014	5 000	建材加工	吴都工业园
艾家坪旅游度假村	2014	20 000	旅游度假	汤桥村
修水县黄沙镇志远精制茶厂	2015	2 000	青钱柳、康王茶	茶厂村

资料来源：修水县城乡规划局提供

从表 5-3 中可以看出，2009 年起，黄沙镇不仅发展本地企业，而且通过引进外地企业投资本地资源项目及生态农业项目，带动周边村落生态农业发展，促进了镇产业串联并进，有序发展。

（四）基础设施建设从起步到逐步完善

修水县按照规划蓝图，每年投入专项资金狠抓基础设施建设。

2008—2010 年是修水县新农村建设的起步阶段，基础设施建设也处在起步阶段，建设重点在农田水利、道路、电路管网等，建设目标是保证当地居民安全有效地进行日常生产生活。

2010—2012 年，修水县加大了对基础设施建设的投入力度，其出发点和落脚点在村镇环境整治、村级公路建设、村政府办公大楼建设、农田水利建设和拆除危房旧房这几部分，建设资金以自筹资金、上级调拨资金为主。

2013—2014 年，黄沙镇政府编制了《黄沙镇发展规划》，确定了村镇未来发展的方向和规模。

2015—2016 年，黄沙镇政府启动了村镇总体规划的修编工作，重点在功能布局、建筑立面、乡村景观等方面。黄沙镇政府按照修订后的村镇总体规划，进一步优化产业项目布局，建设新农村示范点，"全力抓好基础设施建设，高标准完成箬竹、汤桥新农村建设点建设工作"①，如危桥改造、河道清理、修建便桥、新建公路、公路安保等。十年来，黄沙镇新农村规划分期、稳步推进，逐渐将当地建设成经济实力强、人居环境优美的江西特色新农村。

1. 农业生产

黄沙镇政府投入230万元资金用于长坑干碑堰和汤桥灌溉农田水利设施的改造工程。

2. 环境美化

以创建环境优美的乡村为目标，对集镇、中心村进行环境美化、道路硬化、街道亮化工程，并对部分村庄进行重新规划，重点规划对象为道路、垃圾焚烧厂、农贸市场及下水管网改造。

3. 完善村级道路

黄沙镇完成了四条村级公路硬化改造工程，在方便群众出行的同时，也带动了道路沿线村庄的经济发展。

4. 拆除危房，建设基层服务大楼

2010年，黄沙镇政府开始调查和统计集镇、中心村的危房、乱建状况，并对此进行了集中整治,拆除危房24户。同时以自筹资金和争取上级资金支持的方式，为泉源、岭斜、下高丽、长坑、瑶村、石咀、彭桥等7个村新建了办公楼，解决了基层村组织干部没有固定办公场所的问题。乡镇建设规划的落实，不仅提升了政府形象，而且改善了当地人居环境，当地基础设施建设水平上了一个新台阶。

（五）仍存在的不足之处

1. 乡村发展不平衡

在对样本村庄进行调查分析后，笔者认为村庄在社会经济、自然条件等方面存在的差异，使得它们在新农村建设期间发展不均衡。未来的村庄建设工作应将统筹区域发展作为出发点。

2. 村庄建设资金到位周期长

根据对样本村庄的调查，传统村落专项保护资金拨付时间较长，审批手续繁杂，导致村庄规划建设步伐较慢，规划内容不能按期实施。

---

① 修水县人民政府. 黄沙镇政府工作报告[EB/OL]. http://www.xiushui.gov.cn/xxgk/xzxxgk/hszz/ghjh_127965/201507/t20150720_4305430.html.

3. 传统村落劳动力外流，空心化现象严重

此次调查的样本村庄存在劳动力外流的现象，笔者认为，不仅是村庄人口、产业、建筑出现空心化，历史文化、传统习俗等非物质文化空心化现象也较严重。

二、黄沙镇村庄建设规划的启示

（一）加强村民参与的积极性

村民对村庄环境的保护意识影响了村庄规划建设的进度[①]，许多传统村落规划建设不到位，在很大程度上是由于村民缺乏环境保护意识，以及乡镇政府引导不到位导致的。因此，培养村民的保护意识，加强村民参与保护的积极性，有利于推进传统村落的建设进程。

样本村庄建设十年期间，村民参与村庄规划建设的积极性较低。对调查问卷中关于对村庄管理有意见的表达渠道的调查进行统计，结果见表 5-4。

表 5-4　对村庄管理有意见的表达渠道

表达渠道	人数/人	占比/%
找村干部直接反映	36	36.7
找乡镇政府	18	18.7
找县政府	9	9
找市政府	2	1.6
开村民代表大会	3	2.8
信访	1	1.3
没有办法	29	29.9
合计	98	100

从表 5-4 中可以看出，当对村庄管理有意见时，有 36.7% 的受访村民找村干部直接反映，27.7% 的受访村民找乡镇和县政府，这说明多数问题在县级政府的层面就能得到解决。2.8% 的村民提出召开村民代表大会，找市政府和信访的分别占 1.6% 和 1.3%。但仍有 29.9% 的受访村民表示没有办法。

正因为如此，政府更需健全村民意见表达渠道，引导村民主动积极参与村庄规划建设。村民参与有助于发挥大多数人的集体智慧，促使决策更加科学。除此

---

① 李晓源. 历史文化名村保护过程框架研究[J]. 小城镇建设，2012（6）：95-98.

之外，在参与规划的过程中，村民能够获得更多的知识和信息，加深对新农村建设的理解与沟通，有助于后期规划编制的实施。

（二）结合乡村经济，促进产业升级

1. 发展村庄特色产业

发展特色产业要符合当地客观实际，切勿贪大求全。调查期间，笔者了解到黄沙镇多次调整产业发展战略，从最初强调发展第二产业到黄沙镇成为修水县第二产业的集中发展镇，黄沙镇财政收入得到提高的同时，还带动了周边村庄的经济发展，提升了周边村庄村民的就业率。

2010 年，黄沙镇提出以发展茶叶、桑蚕养殖、林业、畜牧业、水产养殖、旅游六大产业为主，结合各村庄经济发展现状，挖掘当地特色产业潜力，调整产业结构，培育优势产业，促进产业升级，带动乡村经济稳步增长。例如，汤桥村重点发展桑蚕养殖业、林业、茶叶，箬竹村重点发展旅游业。

新农村建设的产业规划首先要符合村庄自身产业发展的方向与要求。其次要根据村庄的特点及社会经济发展水平，确定需重点发展的特色产业。最后可以根据村庄产业资源和环境条件建立农村特色产业开发潜力评估机制，并做好近期、中期、长期规划。只有这样，黄沙镇才能在村庄产业过程中发挥自身优势，形成适合自身的经济结构。

2. 合理规划和引导第三产业发展

针对"您认为当地最吸引您的是？（仅外来游客作答）"这一问题，箬竹村的游客认为，最吸引他们的是古村环境、村内的历史文化资源、红豆杉、青钱柳、采茶戏、特产等。

2008 年，箬竹村将其独特的历史文化资源作为旅游产业开发的切入点，制定了旅游发展规划。以箬竹村为例，该村在十年建设期间，根据规划文本指导古村旅游服务设施的建设。规划内容包括以下几点。

1）旅游接待。规划旅游接待中心位于村庄入口处，功能包括景区综合管理、停车服务、导游服务和发售门票。

2）购物。瞿家老字号商铺，可制作服饰、土特产品、旅游商品或其他有特色的产品，供游客选购。

3）餐饮。包括乡野人家客栈、百福迎客、人民公社等景点，充分发掘具有地方特色的点心、菜肴等，制作招牌菜，形成拳头产品。

4）停车场。规划在古村入口处设停车场，停车场采用网格状地砖铺设，间隙种草。

5）医疗卫生室。医疗卫生室主要为游客提供应急医疗救助服务，将该室放置旅游接待中心内，方便游客及时治疗。

以上旅游服务设施不仅可以发展乡村第三产业，还可以带动当地的就业率，树立箔竹村品牌，促进古村旅游产业良性发展。

（三）建立健全传统村落村庄规划实施评价机制

村庄规划的基本流程为：制定规划编制—上报审批—实施。新农村规划实施一段时间后，对实施效果进行综合评价是建立村庄规划评估机制的目的和意义。

1. 评估方法

我国新农村建设规划实施评估分为三个阶段。第一阶段为规划前，评估组对村庄状况进行全面了解，并做好调查记录。第二阶段为规划中期工程实施后，评估小组对中期工程成果进行记录。第三阶段为规划实施结束后，评估小组联合村民代表、村委干部、镇新农村建设办公室、县规划局等部门，开展村庄规划评估会议，对村庄建设现状进行实地考察，记录规划实施状况，并向当地居民发放调查问卷。需要注意的是，在完成三个阶段的工作中，评估小组的核心成员不能有较大变动，以免出现评估脱节、评估错误等情况。

进行实地调查之后，驻村评估小组对所收集的调查结果进行核对，总结新农村建设期间该村的建设经验，分析还未解决的问题及其原因，并结合同类型村庄规划经验给出有效改进建议，形成新农村建设评价报告。

2. 评价内容

1）村庄规划评价。村庄规划评价是针对村庄规划编制的评价，包括对村庄规划目标、村庄规划编制、规划图纸表达及可实施性、规划时间安排等方面的总体评价。

第一，对村庄规划目标的评价，指评价村庄给出的规划方案、村庄发展目标和发展方向是否合理。

第二，对村庄规划编制的评价，指对收集的资料是否经过核实、项目的周期是否合理、村庄的规划设计是否有村民参与，规划方案是否进行公示等进行审查，以便了解村庄规划设计基础是否扎实可靠。

第三，对规划图纸的表达及可实施性的评价，评价标准为图纸表达是否规范以及图纸是否按要求完成等。

第四，对规划时间安排的评价，评价标准为规划方案内各个规划项目的施工周期是否合理。

2）村庄规划实施评价。针对传统村落的特点，制作村庄规划实施效果评价表（表5-5）。

表 5-5　村庄规划实施效果评价表

规划目标实施状况	规划项目实施情况
	乡村人均建设用地
	人口规模
	人均收入
	第一、第二、第三产业比重
乡村总体布局	村庄居住用地
	公共设施用地
	仓储用地
	交通用地
	道路广场
	绿化
古村保护规划	人文古迹资源保护实施情况
	古建筑保护修缮实施情况
	古树名木保护实施情况
基础设施建设	道路用地面积
	绿地率
	人均公用绿地面积
	垃圾处理情况
	公厕实施情况
	供电工程实施情况
公共设施实施状况	行政管理服务设施服务半径、覆盖率
	教育设施服务半径、覆盖率
	医疗卫生设施服务半径、覆盖率
	文化、体育设施服务半径、覆盖率
	养老设施服务半径、覆盖率
	商业、金融服务设施实施情况
	邮政设施服务半径、覆盖率
公众满意度	对本村规划的满意度
	对村庄环境整治的满意度
	对乡村规划的了解程度

　　根据村庄规划实施评价表的内容开展村庄规划评价工作，具体包括规划目标实施状况、乡村总体布局、古村保护规划、基础设施建设、公共设施实施状况和公众满意度。

　　调查小组在进村展开评估时，应携带规划文本、规划图纸、说明书等相关资料，对图示标注项目目标用地、道路规划实施状况进行顺序标记，并对每处调查现场进行信息记录和拍摄照片。

　　采用问卷调查的方式调查村庄的社会认知度。随机选取村庄规划范围内的常住居民进行问卷调查，为确保回收问卷具有代表性，应向村内 20% 以上的住户发放问卷，由此保证调查信息更加全面。问卷发放完成后，评估小组成员进行问卷回收、数据录入等工作，并运用 SPSS 软件对数据进行处理及分析。

　　以访谈形式对村庄规划实施情况进行了解。评估人员在展开访谈工作前，应列好访谈大纲及重点讨论对象，对被访者进行集中访谈，被访者包括村委会主任、村民代表、规划编制单位人员、规划局管理人员等。会上评估人员根据访谈大纲对村委会进行访谈，包括对村庄财政收支、村庄规划进展情况等进行问询，关于村庄规划社会认知情况，则向村民代表问询。另外，会议记录由评估小组负责完成，并作为后期评估依据。

3. 评估结果

　　评估小组将实地访谈、问卷调查、实地观察的资料汇总，从项目建设、财政资金、各部门统筹等方面总结样本村建设十年的结果。箔竹村道路交通、人文古迹修缮保护和基础设施还未得到落实，究其原因，箔竹村地理位置较为偏远，交通通达性较差。此外，资金不足也是箔竹村规划无法落实的原因。而汤桥村的沼气池没有得到建设，是因为《修水县黄沙镇汤桥村中心村建设规划》中没有涉及建设沼气池的内容。

参 考 文 献

曹春华. 关于我国村庄规划法治化建设问题的思考[J]. 现代法学，2013(2)：108-115.

陈国忠，林在生，赖善榕，等. 福建省农村饮用水现状调查[J]. 中国公共卫生，2008(3)：364-366.

陈鹏. 基于城乡统筹的县域新农村建设规划探索[J]. 城市规划，2010(2)：47-53.

陈威. 景观新农村：乡村景观规划理论与方法[M]. 北京：中国电力出版社，2007.

陈英瑾. 乡村景观特征评估与规划[D]. 清华大学，2012.

范津博. 香港地区成年女性人群中医体质流行病学调查研究[D]. 北京中医药大学，2013.

方明，董艳芳. 新农村社区规划设计研究[M]. 北京：中国建筑工业出版社，2006.

方青. 后枫村美丽乡村建设研究[D]. 福建农林大学，2014.

费孝通. 江村经济——中国农民的生活[M]. 北京：商务印书馆，2016.

费孝通. 乡土中国[M]. 北京：北京大学出版社，2006.

高恺，杨雷，郭一令，等. 农村生活用水量现状调查及影响因素分析[J]. 供水技术，2009，3(2)：14-16.

高元，吴左宾. 保护与发展双向视角下古村落空间转型研究——以三原县柏社村为例//中国城市规划学会. 城市时代 协同规划——2013 中国城市规划年会论文集 [C].青岛：青岛出版社，2013.

广西壮族自治区住房和城乡建设厅. 广西村庄规划编制技术导则(试行)[S]. 2011.

郭红东，韩玲梅. 中国新农村建设——基于村官和村民的访谈与问卷调查[M]. 杭州：浙江大学出版社，2007.

国家发展和改革委员会. 国家及各地区国民经济和社会发展"十二五"规划纲要[M]. 北京：人民出版社，2011.

国家技术监督局，中华人民共和国建设部. 村镇规划标准(GB 50188：1993)[S]. 1993.

国家统计局农村社会经济调查司. 中国农村住户调查年鉴·2010[M]. 北京：中国统计出版社，2010.

国务院. 村庄和集镇规划建设管理条例（中华人民共和国国务院令第 116 号）[Z]. 1993.

国务院. 关于深入推进农业供给侧结构性改革加快培育农业农村发展新动能的若干意见 [Z]. 2016.

韩冬青，王恩琪. 2012 江苏乡村调查[M]. 北京：商务印书馆，2012.

黄浩. 江西民居[M]. 北京：中国建筑工业出版社，2015.

姬汝茂. 论基于乡风文明的新农村环境规划与建设[J]. 社会科学家，2010(1)：98-101.

江苏省质量技术监督局. 江苏省村庄规划导则[S]. 2006.

江西省人民政府. 关于印发《江西省村庄建设规划技术导则》的通知[Z]. 2018.

江西省住房和城乡建设厅. 江西省村镇规划建设管理条例[Z]. 2015.

荆其敏，张丽安. 中国传统民居(新版)[M]. 北京：中国电力出版社，2007.

雷振东. 整合与重构—关中乡村聚落转型研究[M]. 南京：东南大学出版社，2009.

李剑阁. 中国新农村建设调查[M]. 上海：上海远东出版社，2007.

李立. 乡村聚落：形态、类型与演变[M]. 南京：东南大学出版社，2007.

李婷. 新农村村庄建设规划设计研究[D]. 西安建筑科技大学，2012.

李迎生. 农村社会保障制度改革：现状与出路[J]. 中国特色社会主义研究，2013(4)：76-80.

刘沛林. 古村落：和谐的人聚空间[M]. 上海：上海三联书店，1997.

刘萍. 新农村景观规划设计研究[D]. 河北农业大学，2007.

卢世主. 传统村落历史环境保护设计——以江西吉安钓源古村为例[J]. 民族艺术，2011(1)：
    111-113.

罗异铿. 乡村建设规划许可制度下的村庄规划编制研究——以广东省为例[D]. 华南理工大学，
    2015.

齐晓波，李佩妍. 农村饮水安全工程农村居民人均用水量指标论证[J]. 河南水利与南水北调，
    2010(10)：17, 19.

秦亦夫. 陕西关中地区村庄规划现状调查——人居环境已严重制约新农村建设[J]. 中国经济周
    刊，2008(41)：32-33.

覃永晖，吴晓，王晶等. 新农村建设整治规划原理[M]. 成都：西南交通大学出版社，2010.

山东省质量技术监督局. 山东省村庄建设规划编制技术导则[S]. 2006.

陕西省人民政府. 关于全面改善村庄人居环境持续推进美丽乡村建设的意见[Z]. 2014.

陕西省质量技术监督局. 陕西省农村村庄规划建设条例[S]. 2005.

沈茂英. 山区聚落发展理论与实践研究[M]. 成都：四川出版集团，2006.

施坚雅. 史建云. 中国农村的市场和社会结构[M]. 徐秀丽，译. 北京：中国社会科学出版社，
    1998.

陶诚. 30 年代前后的中国农村调查[J]. 中国社会经济史研究，1990(3)：92-98.

陶阳. 关中新农村规划设计模式研究——"大石头"模式篇[D]. 西安建筑科技大学，2010.

天津市城市规划设计研究院. 中国工程建设协会标准·乡村公共服务设施规划标准（CECS354：
    2013）[M]. 北京：中国计划出版社，2013.

汪芳，吕舟，张兵，等. 迁移中的记忆与乡愁：城乡记忆的演变机制和空间逻辑[J]. 地理研究，
    2017，36(1)：3-25.

汪芳，孙瑞敏. 传统村落的集体记忆研究——对纪录片《记住乡愁》进行内容分析为例[J]. 地
    理研究，2015(12)：2368-2380.

王格芳. 科学发展观视域下的中国城镇化战略研究[D]. 山东师范大学，2013.

温铁军. 中国新农村建设报告[M]. 福州：福建人民出版社，2010.

吴良镛. 广义建筑学[M]. 北京：清华大学出版社，2011.

西村幸夫. 再造魅力故乡·日本传统街区重生故事[M]. 王惠君，译. 北京：清华大学出版社，
    2007.

新华社. 新华社受权发布 2013 年中央一号文件：中共中央国务院关于加快发展现代农业 进一
    步增强农村发展活力的若干意见[J]. 农村工作通讯，2013(3)：7-12.

徐勇. 中国农村调查——百村十年观察 2010 年卷(下)[M]. 西安：西北大学出版社，2009.

许飞进. 探寻与求证——云南团山村与江西流坑村传统聚落的比较研究[M]. 北京：水利水电出版社，2012.

杨贵庆，等. 黄岩实践：美丽乡村规划建设探索[M]. 上海：同济大学出版社，2015.

杨锦秀，赵小鸽. 农民工对流出地农村人居环境改善的影响[J]. 中国人口·资源与环境，2010(8)：22-26.

余压芳. 景观视野下的西南传统聚落保护——生态博物馆的探索[M]. 上海：同济大学出版社，2012.

俞孔坚. 回到土地[M]. 北京：生活·读书·新知三联书店，2009.

郁建兴. 新农村建设[M]. 重庆：重庆出版社，2009.

岳俊涛，黄爱红. 江西省近十年水资源及利用分析[J]. 江西水利科技，2016，42(5)：371-374.

张辉. 江西省水资源量及用水量近期变化分析[J]. 中国水利，2006(21)：48-50.

张建，赵之枫，郭玉梅，等. 新农村建设村庄规划设计[M]. 北京：中国建筑工业出版社，2010.

张军，方明，邵爱云，等. 因地制宜 整治为先 务求实效 共建家园——《村庄整治技术导则》编制介绍[J]. 小城镇建设，2005(11)：57-60.

张军英. 空心村现象及对策初探[D]. 清华大学，1999.

张伟. 传统村落保护与美丽乡村建设刍议——基于非物质文化遗产保护视角[J]. 江南论坛，2014(1)：48-49.

张向武. 集聚与重构——陕南乡村聚落结构形态转型研究[D]. 长安大学，2012.

张小林，杨山. 乡村规划·理想与行动[M]. 南京：南京师范大学出版社，2009.

赵建军，胡春立. 美丽中国视野下的乡村文化重塑[J]. 中国特色社会主义研究，2016(6)：49-53.

赵万民，等. 三峡库区新人居环境建设十五年进展 1994—2009[M]. 南京：东南大学出版社，2011.

赵之枫. 城市化加速时期村庄集聚及规划建设研究[D]. 清华大学，2001.

郑鑫. 传统村落保护研究——以江西省湖州村为例[D]. 北京建筑大学，2014.

中华人民共和国国家质量监督检验检疫总局，中国国家标准化管理委员会. 美丽乡村建设指南（GB/T 32000：2015）[S]. 2015.

中华人民共和国建设部. 关于颁发《村镇规划编制办法》（试行）的通知[Z]. 2000.

中华人民共和国建筑部. 住宅建筑规范（GB 50368：2005）[S]. 2005.

中华人民共和国卫生部，国家标准化管理委员会. 生活饮用水卫生标准（GB 5749：2006)[S]. 2006.

周博. 赣中地区新农村建设中旧村改造研究[D]. 南昌大学，2006.

周红柳，薄立明. 社会主义新农村规划建设初探——以湖北省阳新县王曙村社会主义新农村规划设计为例[J]. 中外建筑，2009(10)：89-90.

样本村庄概况调查表

村庄名称：_____调查时间：_____调查员：_____

一、村庄基本信息

1. 全村总人口：_____；总户数：_____；常住人口：_____；
流动人口：_____；人年均收入：_____

2. 全村人口结构状况（%）
老年人口（60 岁及以上）：_____；中年人口（45—59 岁）：_____
青壮年人口（20—44 岁）：_____；青少年人口（20 岁及以下）：_____

3. 新农村建设起始时间：_____

4. 村庄近十年是否有过规划：
A. 有 　　　B. 没有

5. 村庄建筑外观有无进行过统一规划：
A. 有 　　　B. 没有

二、自然条件调查

1. 村庄占地面积：_____亩；居住面积：_____亩；农田面积：_____亩

2. 村庄所在地年均降雨量：_____毫米；年最高气温：_____℃；年最低气温：
_____℃

3. 村庄主要农作物：_____亩；村庄主要经济作物：_____亩

4. 村庄所在地属于：

A. 平原　　B. 山区　　　C. 丘陵　　D. 其他

5. 村庄常发生的自然灾害：

A. 水灾　　B. 泥石流　　C. 旱灾　　D. 火灾　　E. 冰灾　　F. 其他

三、村庄经济调查

1. 全村主要经济来源：_____

2. 村庄建设投资情况：

2008 年：_____元；2009 年：_____元；2010 年：_____元；

2011 年：_____元；2012 年：_____元；2013 年：_____元；

2014 年：_____元；2015 年：_____元；2016 年：_____元；

2017 年：_____元；2018 年：_____元

3. 建设面积：_____亩；建设资金来源：_____

四、村庄基础设施建设

（1）道路交通

1. 交通工具数量：

A. 1 个　　　　B. 2 个　　　　C. 3 个　　　　D. 4 个及以上

2. 通过村庄的道路是：

A. 铁路　　B. 国道　　　C. 省道　　　D. 县乡道

3. 道路硬化情况：

A. 全部硬化　B. 部分硬化　　C. 没有硬化

4. 村内道路等级划分：_____；各等级路面宽度（米）：

_____

（2）给水排水

1. 村庄供水情况：_____

A. 自来水　　B. 集体用井水　　C. 自打井　　D. 集体建高位水池

2. 附近有无河流或水源地：_____

A. 有　　　　B. 无

3. 村内有无形成统一排水系统：_____

A. 有　　　　B. 无

（3）公共设施

1. 村内公共活动地带：_____

2. 学校（数量）：＿＿＿＿＿＿所；建造年代：＿＿＿＿＿＿＿

（4）防灾减灾

1. 新农村建设以来，村庄有无进行过防灾减灾规划：

A. 有　　　　　　　　　　　B. 无

2. 新农村建设以来，村庄有无规划过防灾减灾安全设施：

A. 有规划，并且建设到位　　　　B. 有，只是部分落实到位

C. 没有，村内没有任何防灾设施　　D. 其他

五、村内绿化规划

村庄绿化面积：＿＿＿＿＿＿＿亩

六、环境整治调查

1. 村内垃圾处理方式：

A. 运走　　　　　B. 填埋　　　　C. 焚烧　　　　D. 其他

2. 村内有无乱堆建的情况：

A. 有，许多　　　B. 有，偶尔　　C. 很少　　　　D. 没有

3. 村庄的污水排放方式：

A. 明管　　　　　B. 暗管

4. 污水有无经过处理：

A. 有　　　　　　B. 无

5. 村庄有无环境整治基础：

A. 有　　　　　　B. 无

七、公共服务设施

1. 目前有无供村民活动的场所：

A. 有　　　　　　B. 无

2. 村里有无医疗场所：

A. 有　　　　　　B. 无

3. 村内有无幼儿园、小学、中学等：

A. 有　　　　　　B. 无

4. 村内有无敬老院和养老设施：

A. 有　　　　　　B. 无

5. 以上公共服务设施建设由谁出资:

    A. 村集体出钱   B. 政府出钱   C. 开发企业出钱   D. 平摊

八、产业规划

1. 乡镇已有企业的名称:＿＿＿＿＿＿＿

2. 新农村建设期间,村庄有无进行过产业规划:

    A. 有   B. 无

3. 村内主要产业:

    A. 农业、种植业、养殖业   B. 工业

    C. 旅游业、服务业   D. 其他

九、生活能源

村内生活能源使用来源:

    A. 电力   B. 沼气   C. 太阳能   D. 其他

最后,感谢您对本次调查工作的支持与配合!

村民调查问卷

村庄名称：_____；性别：_____；年龄：_____；调查时间：_____；
调查员：_____

一、村民基本信息调查

1. 家庭人数：_____；常住人口：_____；外出务工人数：_____
2. 文化程度：_____；您的职业：_____
3. 您家宅基地的面积是_____平方米
4. 住房外观有无进行过统一规划：
   A. 有   B. 无
5. 家庭年可支配收入是：
   A. 10 000 元及以下   B. 10 000—18 000 元
   C. 18 000—26 000 元   D. 26 000—34 000 元

二、村庄基础设施调查

（1）能源使用情况

1. 您家生活用水来源是（可多选）：
   A. 自来水   B. 集体用井水   C. 自打井   D. 其他
2. 您家主要生活能源来源是：
3. 您家用的燃料是（可多选）：
   A. 烧煤   B. 沼气   C. 农作物秸秆（柴火）
   D. 煤气   E. 其他

（2）交通状况调查

1. 从您家外出上村道、省道是否方便：

    A. 方便　　　　B. 不方便

2. 您家有农用机械（收割机、农用三轮车）或者小汽车吗：

    A. 有　　　　　B. 没有

3. 您平时务农的交通方式（可多选）：

    A. 步行　　　　B. 摩托车　　　　C. 其他

4. 您平时外出使用的交通工具是（可多选）：

    A. 步行　　　　B. 私人机动车　　　C. 公交　　　　D. 拖拉机　　　E. 其他

5. 购买日常生活用品是否方便：

    A. 方便　　　　B. 不是很方便

（3）电力电信调查

1. 您家用电方便吗：

    A. 很方便，电压稳定　　　　　B. 电压偶尔不稳定

    C. 电压常常不稳定　　　　　　D. 还未通电

2. 您所在村庄的民用电压稳定吗：

    A. 很稳定，从不或者极少停电

    B. 比较稳定，有时会停电，不太频繁

    C. 不稳定，经常停电，停电有通知

    D. 非常不稳定，经常停电，停电不通知

3. 您所在村庄的电视信号、电话信号质量如何：

    A. 非常好，信号通畅　　　　　B. 一般，有时信号不佳

    C. 勉强能使用，信号时断时续　D. 差，基本收不到信号

（4）给水排水调查

1. 您所在的村庄是否通自来水：

    A. 是　　　　　B. 否

2. 您所在村庄自来水供应系统是什么：

    A. 本村统一供应　B. 乡镇统一供应　C. 县区统一供应　　　D. 其他

3. 您所在村庄自来水供应情况如何：

    A. 全年正常供水　B. 经常停水　　　C. 每天定时供水　　　D. 其他

（5）防灾减灾调查

您所在村庄有无消防通道、消火栓等防灾减灾设施：

    A. 有　　　　　B. 无

三、村庄布局规划调查

1. 新农村建设以来，您所在村庄有无进行过村庄布局规划：
   A. 有　　　　　　　　　　　　　B. 无
2. 新农村建设以来，您所在村庄有无进行过产业规划？若有，哪一年进行的规划，是否已实施？
3. 您对所在村庄规划实施的满意度如何：
   A. 很满意，提高了村内生活质量　　B. 满意，解决了村内生活问题
   C. 一般，没什么变化　　　　　　　D. 其他

四、村庄环境调查

1. 新农村建设以来，您所在村庄有无进行过环境整治：
   A. 有过，效果明显　　　　　　　B. 有过，收效甚微
   C. 没有，村庄环境较好　　　　　D. 没有，村庄环境脏乱
   E. 其他
2. 您对村内公共绿化环境的满意度：
   A. 非常满意　　　　　　　　　　B. 满意
   C. 比较满意　　　　　　　　　　D. 不满意
   E. 非常不满意
3. 您认为现在村内环境如何：
   A. 整洁　　　　B. 不整洁　　　　C. 脏乱差
4. 您对村庄清洁费用的承受度：
   A. 只要合理都能接受　　　　　　B. 200 元以下每年
   C. 100 元以下每年　　　　　　　D. 不应该交钱
5. 您所在村庄的生活污水排放方式：
   A. 随意排放　　B. 排入管道　　C. 排入沟渠　　D. 其他
6. 您所在村庄的生活垃圾处理方式：
   A. 焚烧　　　　　B. 垃圾清理车运走　　　　　C. 掩埋
   D. 不进行处理，随意丢弃　　　E. 有固定收集点

五、村庄景观满意度调查

1. 您对村口绿化满意程度：
   A. 非常满意　　B. 满意　　　C. 比较满意
   D. 不满意　　　E. 非常不满意

2. 您对村内硬质景观满意程度：
　　A. 非常满意　　　B. 满意　　　C. 比较满意
　　D. 不满意　　　　E. 非常不满意
3. 您对自家庭院绿化满意程度：
　　A. 非常满意　　　B. 满意　　　C. 比较满意
　　D. 不满意　　　　E. 非常不满意

六、村庄公共服务设施建设调查

1. 您的业余活动是（可多选）：
　　A. 在家看电视　　B. 麻将　　　C. 散步　　　D. 走亲访友
2. 村里有村民活动室吗：
　　A. 有，没有用过　　　　　　B. 有，经常去
　　C. 没有　　　　　　　　　　D. 规划文本上有，没有建成
3. 您所在的村庄是否有村民广场和体育设施：
　　A. 有，没有用过　　　　　　B. 有，经常去
　　C. 没有　　　　　　　　　　D. 规划文本上有，没有建成
4. 您所在的村庄公共服务设施由谁出钱（可多选）：
　　A. 村集体出钱　　　　　　　B. 政府出钱
　　C. 开发企业出钱　　　　　　D. 村民分摊部分

七、新农村建设十年调查

1. 新农村建设以来，您认为您所在村庄迫切需要解决的问题（可多选）：
　　A. 饮水　　　B. 修路　　　C. 用电　　　D. 沼气
　　E. 厕所改造　F. 污水处理　　G. 垃圾收集　　H. 文化建设
　　I. 医疗网
2. （游客作答）您认为当地最吸引您的是：＿＿＿＿＿＿＿＿＿＿
3. 新农村建设以来，您认为修水县在乡村规划方面有哪些需要改进的地方？
4. 如果给您所在村庄做规划，您觉得怎么做比较好？

访谈大纲（村组干部和村民）

职业及任职时间（仅村组干部填写）：_____

性别：_____；年龄：_____；文化程度：_____；政治面貌：_____

1. 能否提供村庄基本情况介绍或者主要事件材料的书面材料？

2. 请简单介绍您的个人家庭基本情况。

3. 近 10 年，村庄基本情况（村庄布局、道路交通、绿化景观、电力电信、给排水、村庄环境等）是否有改善？

4. 您是如何评价本村的村落规划项目及人居环境质量的？规划合不合理？值不值？有没有用？

5. 村庄规划过程中是否听取了村民意见？

6. 您对村庄布局现状满意吗？如果不满意，有什么更好的建议？

7. 您的出行方式是什么？您认为现有出行方式和十年前对比是否更加方便？如果需要调整，您认为应该如何改进？

8. 新农村建设以来，村庄道路建设状况如何？村庄道路交通能否满足您的日常需要？

9. 新农村建设以来，您觉得村内绿化景观、家里庭院景观有无改善？还有哪些地方需要改进？

10. 村庄电力电信规划现状是否能满足您的需要？

11. 新农村建设以来，村庄给排水方式有没有发生变化？现有村庄给排水工程是否能满足您的需要？

12. 您觉得村庄环境如何？是否满意新农村建设后的村庄环境规划？哪些地方需要改进？

13. 新农村建设以来，您对自家房屋外观是否满意？还有哪些地方需要改善？

14. 相比十年前，您觉得村内生活垃圾、污水处理、乱堆乱建等状况是否有所改善？如果有，哪些地方有所改善？如果没有，是什么原因导致的？

15. 新农村建设以来，您觉得比较成功的地方在哪里？有哪些地方需要改进？

最后，感谢您对本次调查的支持！

后　记

　　江西的传统村落数量庞大，但村落的发展条件较差，受关注程度较低，特别是处于赣西北的箔竹村，潜在的问题更为突出。对"村落转型"问题的探讨不仅与中国的现代化转型紧密相关，更是一种对现代性的追问。所谓的"转型"，本质是传统因素与现代因素从对抗到消融的过程，基于现实的考虑，我们应将这些问题放到乡村经济社会环境中去解决。

　　转型是中国传统村落未来发展的趋势，传统村落设计转型是观念—制度—技术层层推进的过程，主要体现在观念层面、制度层面和技术层面。

　　第一，观念的转型直接反映在人们对村落的印象上。

　　第二，政策的转型为技术转型提供了理论基础，转型后的政策明确了美丽乡村建设应以完善村庄建设、优化生态环境、改善生活条件、提高精神文明为重点。与新农村建设时期的政策不同，美丽乡村的建设重点不再是村庄的基础设施，而是如何提高村民的生活环境、舒适度、幸福指数。

　　第三，技术转型是美丽乡村建设计划的主要实施手段，从村落空间、建筑、景观、技艺四个维度去诠释村落建设，不同的空间、建筑、景观采用不同的设计技法，使新旧环境相融合，展现出融洽的美丽乡村景象。

　　本书的研究成果如下。

　　1. 新农村建设以来取得的成就

　　1）村庄规划编制凸显当地特色。

　　新农村建设以来，修水县农村地区基本遵循先规划后建设的步骤，根据地域特色、乡村特色、民族特色，制定规划导则指导乡村建设。

　　2）村庄规划法律法规体系逐渐完善。

　　村庄规划文本是保护与建设古村落、实施建设和管理的基本依据，具有法律效力，并与其他相关法律法规配套实施，如土地管理法、环境保护法、文物保护法等。

　　3）村庄基础设施与公共服务设施有所改善。

新农村建设期间，政府发挥主体作用，加大了公共财政对农村基础设施建设的支持力度，逐步建立了投入保障和运行管护机制，样本村庄的道路、电力电信设施、村内环境卫生等相较十年前均有所改善。

2. 可资借鉴的经验

1）发挥政府的主导作用与村民的主体作用。

在政府正确引导村庄规划建设的同时，充分发挥村民的主体作用，在实际工作过程中，如何正确引导和发挥村民的主观能动作用，成为美丽乡村建设工作的重中之重。

2）从乡村特色出发，因地制宜培育村庄支柱产业。

根据村庄自身特点，立足资源优势，以市场需求为导向发挥自身优势建设第三产业，制定村庄旅游规划文本。

3）提高乡村人居环境质量。

强化规划的导向性作用，通过分析乡村生态资源与人居环境现状，开展相关实践设计研究，推动传统村落经济发展并提升环境质量，为创建美丽乡村提供强有力的支撑。

本书已接近尾声，因各种条件的限制，无法采集到样本村庄新农村建设期间的所有数据，无法全面反映传统村落建设规划的时序变化。同时，受调查资源及调查小组人力的限制，此次调查的样本村庄数量较少，其精度比不上全国范围内的抽样调查，这对研究结果具有一定的影响。此外，对中国传统村落资源保护与可持续开发利用模式的研究、传统村落发展与自然生态环境保护的研究，以及各地具有乡土特色和地域文化符号特征的建筑的研究等还存在不足，还需在以后的研究中继续探索。

卢世主

2022 年 7 月 12 日